JN006384

Rユーザのための tidymodels［実践］入門

モダンな統計・機械学習モデリングの世界

松村 優哉、瓜生 真也、吉村 広志［著］

技術評論社

tidymodelsとは

tidyverse の席巻と tidymodels への注目

近年の人工知能技術の発展や、データサイエンスによるビジネス課題の解決といった動きを受けて、その基礎技術となる機械学習や統計学は大きな注目を浴びています。RやPythonなどのデータ解析に用いられるプログラミング言語で多くの統計・機械学習に関するライブラリが開発されていることは、本書を手にとった読者であればよくご存知かと思います。

本書の目的は"tidymodelsを用いた機械学習モデリングの各プロセスを理解すること"です。一般的な機械学習モデリングのプロセスに沿ってtidymodelsを解説していきますが、その前にtidymodelsについて紹介します。

2016年頃から、Rユーザの間では**tidyverse**注1というパッケージ群が頻繁に利用されるようになりました。tidyとは「整然とした」「整理された」のような意味を持ち、tidyverseはtidyなデータを作るためのさまざまなツールの集まり、およびtidyverseパッケージそのものを指します。データの前処理や可視化といったデータ分析の各プロセスにおいて、統一的、かつ直感的な操作を目指して開発が続けられています。

tidymodelsが登場する以前にもcaretパッケージ注2やmlrパッケージ注3は機械学習モデリングにおける統一的な記法を提供していました。しかしtidyverseが登場して以降、統一的な記述に加え、より直感的に操作でき、データ操作や可視化が得意なtidyverseと協調するようなモデリングの実現に期待がかかります。その中で、caretパッケージの開発者Max Kuhn氏やRStudio社注4の著名なエンジニアらによって**tidymodels**が開発されます。

- tidymodels
  URL https://www.tidymodels.org/

注1　URL https://www.tidyverse.org/
注2　URL https://topepo.github.io/caret/
注3　URL https://mlr.mlr-org.com/
注4　現 Posit 社。2022 年 11 月に社名変更をした。URL https://posit.co/blog/rstudio-is-now-posit/

tidymodels パッケージ

tidymodelsはtidyな枠組みで機械学習モデリングを行うためのパッケージを複数集めたツール群です。tidymodelsに含まれるパッケージは、以下のようにinstall.packages()関数でまとめてインストールできます[注5]。

```
install.packages("tidymodels")
```

library(tidymodels)を実行すれば、tidymodelsに含まれるパッケージのうち、主要なものをまとめて読む込むことができます。Attaching packages以下に表示されているものが読み込まれたパッケージです。

また、Conflicts以下に表示されているものは、すでに読み込まれている関数と同名の関数があることを表しています。例えば、tidymodelsの主要パッケージを読み込んだ状態で、パッケージ名を指定せずにdiscard()関数を実行するとpurrr::discard()関数[注6]が実行されます。masks以下の関数（今回はscales::discard()）を使用したい場合は、単にdiscard()と記述するのではなくscales::discard()と記述する点に注意してください。

```
library(tidymodels)
```

```
── Attaching packages ──────────────────────────────────────── 出力
tidymodels 1.0.0 ──
```

```
✔ broom        1.0.1     ✔ recipes      1.0.3              出力
✔ dials        1.1.0     ✔ rsample      1.1.1
✔ dplyr        1.0.10    ✔ tibble       3.1.8
✔ ggplot2      3.4.0     ✔ tidyr        1.2.1
✔ infer        1.0.4     ✔ tune         1.0.1
✔ modeldata    1.0.1     ✔ workflows    1.1.2
✔ parsnip      1.0.3     ✔ workflowsets 1.0.0
✔ purrr        0.3.5     ✔ yardstick    1.1.0
```

注5　2章以降で紹介されるparsnipパッケージのエンジンで使う、個別の機械学習アルゴリズムに関するパッケージは、別途インストールする必要があります。

注6　Rでパッケージ内の関数を呼び出す方法には大きく2通りあります。purrrパッケージのdiscard()関数を呼び出す例を用いると、library(purrr)やrequire(purrr)のように関数を使ってパッケージを読み込み、discard()を呼び出す方法が1つです。もう1つはダブルコロンを用いて事前にライブラリの読み込みをせずにpurrr::discard()と名前空間を指定する方法です。

```
出力
── Conflicts ───────────────────────────────────────────
tidymodels_conflicts() ──
✖ purrr::discard() masks scales::discard()
✖ dplyr::filter()  masks stats::filter()
✖ dplyr::lag()     masks stats::lag()
✖ recipes::step()  masks stats::step()
  Use tidymodels_prefer() to resolve common conflicts.
```

本書執筆時点（バージョン1.0.0）では、表0.1に示すパッケージが読み込まれます。

●表0.1　tidymodelsに含まれるパッケージと本書との対応

パッケージ名	概要	本書で取り上げている章
modeldata	機械学習モデリングを試すためのサンプルデータを含む	1～5章
recipes	特徴量エンジニアリングを行なう	1章
rsample	データを分割する	1章
parsnip	機械学習のアルゴリズムを定義し、呼び出す	2、3章
yardstick	機械学習モデルの評価指標のために用いる	2、3章
workflows	機械学習モデリングのワークフローを定義、管理する	4章
workflowsets	複数レシピやモデルを一元管理する	4章
dials	ハイパーパラメータチューニングに用いる	5章
tune	ハイパーパラメータチューニングに用いる	5章
broom	モデリングの結果をtidy dataの形式に変換する	6章コラム
infer	統計的仮説検定やp値の計算など、古典的な統計的推論を行なう	6章コラム
dplyr	データにさまざまな操作を加える（tidyverseにも含まれる）	-
tidyr	データをtidy dataの形式に変形する（tidyverseにも含まれる）	-
purrr	関数型プログラミング（tidyverseにも含まれる）	-
tibble	tibbleというモダンなデータフレームを提供する（tidyverseにも含まれる）	-
ggplot2	データを可視化する（tidyverseにも含まれる）	-

他にも、tidymodelsパッケージには含まれていませんが、tidymodelsを拡張したパッケージとしてspatialsampleパッケージ（地理空間データのデータ分割）やtidyclustパッケージ（クラスタリングに関するアルゴリズム）など、さまざまなパッケージが存在します[注7]。

注7　詳細はtidymodelsのGitHubレポジトリ URL https://github.com/tidymodels を参照

本書の特徴

本書には、以下のような特徴があります。

- tidymodelsに準拠した解説
- tidyverseの流れを汲む、"tidyな"機械学習モデリングの解説

tidymodelsパッケージは新しく登場したパッケージのため、まとまって解説した書籍は少なく、Web上にあるtidymodelsのドキュメント注8やtidymodelsに関する洋書注9も日本語訳されていないため、まだ日本のRユーザに普及しているとは言えません。

筆者らはtidymodelsの利点を多くのRユーザに享受してほしいと考えています。そのためにtidymodelsのコアとなる機能について、機械学習モデリングのプロセスにそって学べるように執筆しました。本書が、みなさんのデータ分析の効率化につながることを願います。

本書で主に使用するデータセット

本書では説明を統一的にする目的で、いくつかの章で共通のデータセットとして**Ames Housing**データ（amesデータ）を使用します。このデータはTruman州立大学のDeCock氏らが作成しているIowa州Ames地区の住宅データを含む公開データセット注10に基づいて調整されたものです。

上述のmodeldataパッケージに含まれるため、`library(tidymodels)`を実行した状態であれば以下のコマンドで呼び出すことができます。

```
# Ames Housigデータの呼び出し
data(ames, package = "modeldata")

# データの一部を確認
head(ames)
```

```
# A tibble: 6 × 74                                                    出力
  MS_SubC…¹ MS_Zo…² Lot_F…³ Lot_A…⁴ Street Alley Lot_S…⁵ Land_…⁶ Utili…⁷
  <fct>     <fct>     <dbl>   <int> <fct>  <fct> <fct>     <fct>   <fct>
```

注8 URL https://www.tidymodels.org/

注9 Max Kuhn, Julia Silge, "Tidy Modeling With R: A Framework for Modeling in the Tidyverse", Oreilly & Associates Inc, 2022.

注10 URL http://jse.amstat.org/v19n3/decock.pdf

```
1 One_Stor… Reside…      141   31770 Pave    No_A… Slight… Lvl      AllPub
2 One_Stor… Reside…       80   11622 Pave    No_A… Regular Lvl      AllPub
3 One_Stor… Reside…       81   14267 Pave    No_A… Slight… Lvl      AllPub
4 One_Stor… Reside…       93   11160 Pave    No_A… Regular Lvl      AllPub
5 Two_Stor… Reside…       74   13830 Pave    No_A… Slight… Lvl      AllPub
6 Two_Stor… Reside…       78    9978 Pave    No_A… Slight… Lvl      AllPub
# … with 65 more variables: Lot_Config <fct>, Land_Slope <fct>,
#   Neighborhood <fct>, Condition_1 <fct>, Condition_2 <fct>,
#   Bldg_Type <fct>, House_Style <fct>, Overall_Cond <fct>,
#   Year_Built <int>, Year_Remod_Add <int>, Roof_Style <fct>,
#   Roof_Matl <fct>, Exterior_1st <fct>, Exterior_2nd <fct>,
#   Mas_Vnr_Type <fct>, Mas_Vnr_Area <dbl>, Exter_Cond <fct>,
#   Foundation <fct>, Bsmt_Cond <fct>, Bsmt_Exposure <fct>, …
```

出力を見ると、MS_SubClass、MS_Zoning……といったいくつかの列が表示されています。また、A tibble: 6 × 74という出力結果から、6行と74列のデータであることがわかります。nrow(ames)を実行すると、amesデータ全体の行数は2,930行であることもわかります。

列の全体をcolnames()関数で見ておきましょう。

```
colnames(ames)
```

出力

```
 [1] "MS_SubClass"        "MS_Zoning"          "Lot_Frontage"
 [4] "Lot_Area"           "Street"             "Alley"
 [7] "Lot_Shape"          "Land_Contour"       "Utilities"
[10] "Lot_Config"         "Land_Slope"         "Neighborhood"
[13] "Condition_1"        "Condition_2"        "Bldg_Type"
[16] "House_Style"        "Overall_Cond"       "Year_Built"
[19] "Year_Remod_Add"     "Roof_Style"         "Roof_Matl"
[22] "Exterior_1st"       "Exterior_2nd"       "Mas_Vnr_Type"
[25] "Mas_Vnr_Area"       "Exter_Cond"         "Foundation"
[28] "Bsmt_Cond"          "Bsmt_Exposure"      "BsmtFin_Type_1"
[31] "BsmtFin_SF_1"       "BsmtFin_Type_2"     "BsmtFin_SF_2"
[34] "Bsmt_Unf_SF"        "Total_Bsmt_SF"      "Heating"
[37] "Heating_QC"         "Central_Air"        "Electrical"
[40] "First_Flr_SF"       "Second_Flr_SF"      "Gr_Liv_Area"
[43] "Bsmt_Full_Bath"     "Bsmt_Half_Bath"     "Full_Bath"
[46] "Half_Bath"          "Bedroom_AbvGr"      "Kitchen_AbvGr"
[49] "TotRms_AbvGrd"      "Functional"         "Fireplaces"
[52] "Garage_Type"        "Garage_Finish"      "Garage_Cars"
[55] "Garage_Area"        "Garage_Cond"        "Paved_Drive"
[58] "Wood_Deck_SF"       "Open_Porch_SF"      "Enclosed_Porch"
[61] "Three_season_porch" "Screen_Porch"       "Pool_Area"
[64] "Pool_QC"            "Fence"              "Misc_Feature"
[67] "Misc_Val"           "Mo_Sold"            "Year_Sold"
```

```
[70] "Sale_Type"           "Sale_Condition"     "Sale_Price"
[73] "Longitude"           "Latitude"
```

"Lot_Area"（建物面積）、"Garage_Area"（ガレージ面積）、"Sale_Price"（売却価格）といった列名が確認できます。

本書のゴール

本書で目指すゴールを先に示しておきましょう。上記のAmesHousingデータに対して、例えばランダムフォレストで分類モデルを作成したいとき、tidymodelsを用いたコードは以下のように一連のプロセスを記述します。

```
library(tidymodels)
##################################
# 学習データと評価データの分割 #
##################################
set.seed(71)
split_ames_df <- initial_split(ames,
                               strata = "Sale_Price")
ames_train <-training(split_ames_df)
ames_test <- testing(split_ames_df)

# クロスバリデーション用のデータ分割
ames_cv_splits <- vfold_cv(ames_train,
                           strata = "Sale_Price",
                           v = 10)

########################
# 特徴量エンジニアリング #
########################
ames_rec <-
  recipe(Sale_Price ~ ., data = ames_train) %>%
  step_log(Sale_Price, base = 10) %>%
  step_YeoJohnson(Lot_Area, Gr_Liv_Area) %>%
  step_other(Neighborhood, threshold = .1)  %>%
  step_zv(recipes::all_predictors()) %>%
  prep()

# 前処理の適用
ames_train_baked <-
  ames_rec %>%
  bake(new_data = ames_train)

ames_test_baked <-
```

```
  ames_rec %>%
  bake(new_data = ames_test)

##############
# モデル作成 #
##############
# ワークフローの設定
ames_rf_cv <-
  workflow() %>%
  add_model(
    rand_forest(
      mtry = tune(),
      trees = tune()
      ) %>%
      set_engine("ranger",
                 num.threads = parallel::detectCores()) %>%
      set_mode("regression")) %>%
  add_formula(Sale_Price ~ .)


######################
# モデルの調整・更新 #
######################
# グリッドサーチ
rf_params <-
  list(trees(),
       mtry() %>%
         finalize(ames_train_baked %>%
                    select(-Sale_Price))) %>%
  parameters()

# パラメータの探索範囲を指定
rf_grid_range <-
  rf_params %>%
  grid_max_entropy(size = 10)

# グリッドサーチの実行
ames_rf_grid <-
  ames_rf_cv %>%
  tune_grid(ames_cv_splits,
            grid = rf_grid_range,
            control = control_grid(save_pred = TRUE),
            metrics = metric_set(rmse))

autoplot(ames_rf_grid)

# 最適なパラメータを選択
ames_rf_grid_best <-
```

```
  ames_rf_grid %>%
  show_best()

# 選んだパラメータでモデル作成
ames_rf_model_best <-
  rand_forest(
    trees = ames_rf_grid_best$trees[1],
    mtry = ames_rf_grid_best$mtry[1]
  ) %>%
  set_engine("ranger") %>%
  set_mode("regression")

# ワークフローの更新
ames_rf_cv_last <-
  ames_rf_cv %>%
  update_model(ames_rf_model_best)

# 更新したワークフローで学習データ全体にモデル適用
ames_rf_last_fit <-
  ames_rf_cv_last %>%
  last_fit(split_ames_df)

# 最終的なモデルの予測精度を算出
ames_rf_last_fit %>%
  collect_metrics()
```

tidymodelsを用いてこのようなコードを理解し、記述できるようになることが本書の目標です。また、上記のコードは以下で説明する「本書の構成」とも対応しています。

本書の構成

図0.1に示す**機械学習モデリング**のプロセスを以下でかんたんに説明します。

- ①データ分割
  - データを学習データと評価データに分割
  - 学習データをさらに学習データと検証データに分割する（交差検証法を用いる場合）
- ②特徴量エンジニアリング
  - 機械学習モデルの性能向上を目的にデータを整形する
  - 機械学習モデルに入力する形式にデータを変換する
- ③モデル作成
  - アルゴリズムを選択する
  - モデルを作成し、学習データを適用する
  - 学習済みのモデルに検証データを適用し、予測精度を算出する
- ④モデルの調整・更新
  - モデル作成のプロセスを繰り返し、予測精度の良いハイパーパラメータを決定する
  - 最終的なモデル作成

機械学習モデルは、データを学習して終わりではなく、未知のデータに対して予測を行ないます。例えば学習データだけに適応し、未知のデータへの予測ができないモデルは過学習（オーバーフィッティング）に陥っており、これは良いモデルとは言えません。学習データに適用したうえで、未知のデータへの汎化性能を担保できるようにモデルを調整する必要があります。そのためには、作成したモデルのパラメータを調整して、検証データを適用し、評価指標をもとに予測精度を判断するプロセスを繰り返します。最終的に学習データ全体でモデルを作成した後に、評価データで予測精度を算出します。

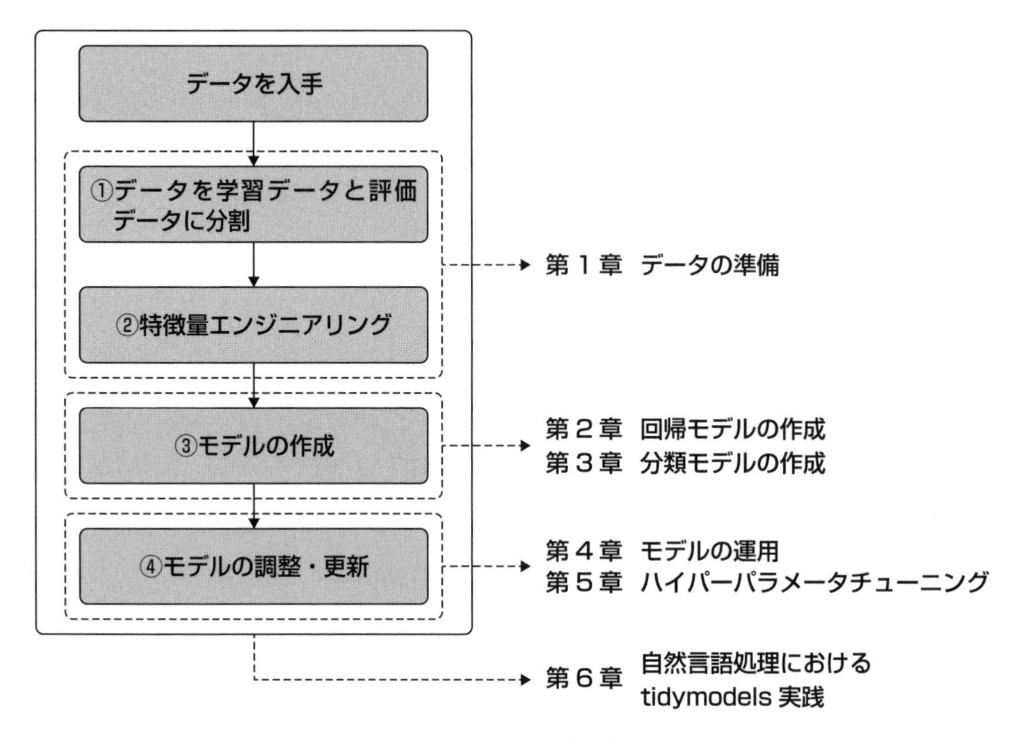

●図0.1　典型的な機械学習モデリングのプロセスと本書の構成

tidymodelsはこのような機械学習モデリングのプロセスと対応するように設計され、パッケージを提供しています。本書もこのプロセスにそって構成しています。

1章では、すでにデータが得られているという前提のもと、「①データの分割」、「②特徴量エンジニアリング」について解説します。主にtidymodelsのrsampleパッケージとrecipesパッケージの利用方法について解説しています。特徴量エンジニアリングは機械学習を含めたデータ解析において重要な工程ですので、resipesパッケージの使用方法を押さえておきましょう。

次に2章と3章では、モデルを作成するプロセスを解説しています。教師あり学習は大きく分類問題と回帰問題の2つに分けられ、それぞれに適した評価指標があります。2章と3章では、特徴量エンジニアリングが施されたデータを使い、分類と回帰それぞれの「③モデルを作成」する方法について、parsnipパッケージの使用方法を中心に解説します。また、それぞれの章で、yardstickパッケージを用いた評価指標の算出方法についても紹介しています。

機械学習モデリングにおいて、「③モデル作成」の工程は1回で終わるとは限りません。検証データの予測結果や評価指標による予測精度などを考慮して、より良いモデルを作るために再び「②特徴量エンジニアリング」や「ハイパーパラメータの調整」を行ないながら「④モデルの調整」を繰り返すことがほとんどです。4章、5章ではモデルの変更や更新、管理する方法について説明します。機械学習モデリングのプロセスを管理するworkflowsパッケージとworkflowsetsパッケージ（第4章）や、ハイパーパラメータチューニングを行なうtuneパッケージ（第5章）を中心に説明します。

6章では、1章から5章までの復習を目的として、自然言語処理によるテキストデータの分類問題を題材として扱います。データ分析においてまず最初に行われる「データの入手」から、1～5章で説明したtidymodelsによる機械学習モデリングのプロセス全体を紹介します。テキストデータに対する特徴量エンジニアリングに特化したtextrecipesパッケージを使用しています。実データを使ったモデリングの応用例として参考にしてください。

本書の対象読者

本書の対象読者は「Rで機械学習モデリングをする、したいと思っているすべての方」です。本書のように、Rユーザ向けにtidymodelsの基礎をまとめた書籍は他にありません。特に、以下のような方にはピッタリと言えるでしょう。

- Rで機械学習モデリングや統計モデリング[注11]を行なってきたが、モダンな機械学習モデリングについて知りたい
- tidyverseを普段から使用している方で、tidyな枠組みの中で機械学習モデリングを行なってみたい

ただし、本書は後述のようにいくつかの知識は他の専門書に譲り、tidymodelsの使い方に焦点を当てているため、Rやデータ分析を学び始めたばかりの方にとっては難しいと感じるかもしれません。Rやtidyverseを使ったことがあり、かつ機械学習モデリングに興味のある方であれば、本書を読むことでより良いR体験を得られるようになるでしょう。

注11　ここでの「統計モデリング」は、一般化線形モデルやベイジアンモデリングなど、確率分布や統計的な誤差を考慮したモデリングを指しており、本書では詳しく扱っていません。

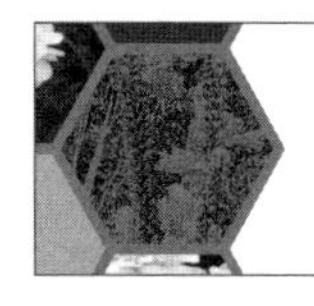

本書で解説しなかったこと

本書ではtidymodelsによる機械学習モデリングの方法を解説しています。以下に挙げる事項については深く踏み込んでいません。ご自身に合った書籍や資料を参考にしながら読み進めていただくことをおすすめします。

機械学習アルゴリズムの詳細

本書では一般的な機械学習に関連しては解説していません。

- 機械学習の基礎的な知識
- Support Vector Machine（SVM）、ランダムフォレスト、XGBoostといった機械学習アルゴリズムについての詳細

また、各アルゴリズムの数理的な説明についても、他の専門書で学んでいただくことを念頭に置いて解説しています。

tidyverseの基本的な使い方

tidymodelsは前述の通り"tidyverse"の操作方法と相性の良いコードが記述できるように設計されています。そのため、本書では特に断りなくtidyverseの関数（例えば`select()`や`mutate()`といったデータの加工でよく使う関数）を使用しています。tidyvesreパッケージ（群）関する詳細な説明は、以下の書籍を参照してください。

- 松村優哉，湯谷啓明，紀ノ定保礼，前田和寛（著），"改訂2版 Rユーザのための RStudio実践入門"，技術評論社，2021.注12
- 馬場真哉（著），"R言語ではじめるプログラミングとデータ分析"，ソシム，2019.注13

注12 URL https://gihyo.jp/book/2021/978-4-297-12170-9

注13 URL https://www.socym.co.jp/book/1238

パイプ演算子

本書ではmagrittrパッケージに含まれる**パイプ演算子%>%**[注14]を使用しています。簡単に説明をすると、パイプ演算子には"前の処理結果を次の関数の第一引数として渡す"役割があります。

例えば、以下の2つのコードは同じ結果になります。

```
# パッケージがインストールされていれば、
# library(tidyverse)またはlibrary(tidymodels)でよい
library(magrittr)

# 1～10までの整数を足し上げる
sum(1:10)
```

```
[1] 55
```
出力

```
# sum(1:10)と同じ結果になる
1:10 %>% sum()
```

```
[1] 55
```
出力

tidyverseを用いたデータの操作やtidymodelsを用いた機械学習モデリングでは、複数の関数を組み合わせることが頻繁に発生します。パイプ演算子を用いることで、そのような処理に対して一時的な変数を用いることなく記述できるため、本書では積極的にパイプ演算子を用いています。

パイプ演算子はtidyverseパッケージまたはtidymodelsパッケージを読み込むことにより、自動的に使用できるようになります。

tidymodelsを拡張するためのパッケージやその使い方

tidymodelsは多くの基本的な特徴量エンジニアリングの手法や機械学習のアルゴリズムを扱うことができますが、他のパッケージを用いて拡張することもできます。tidymodelsパッケージ以外を用いた拡張（例えば、日本語テキストの前処理や発展的なディープラーニングの手法など）は、以下のような理由から本書では大きく取り上げていません[注15]。

注14　パイプ演算子には、Rのver4.1.0から導入された |> という記法もあり、こちらはパッケージを読み込まなくても使用できますが、本書では執筆時点で広く使用されている %>% という記法に統一します。

注15　ただし、6章でtextrecipesパッケージのみ取り上げています。

- 本書はtidymodelsのコア部分を解説し、使いこなせることを目的にしている
- tidymodelsを拡張するパッケージは今後大きな変更が加わる可能性がある[注16]

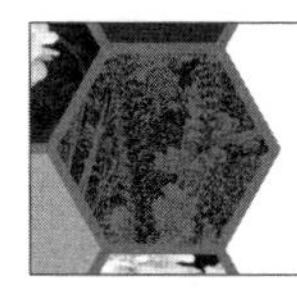

本書のサポートページ

本書に記載されているプログラムコード、および本書の補足は以下のGitHubリポジトリに掲載します。

URL https://github.com/ghmagazine/tidymodels_book

本書の記載内容の修正・訂正は以下の技術評論社のWebサイトで掲載します。

URL https://gihyo.jp/book/2023/978-4-297-13236-1

ようこそtidymodelsの世界へ

本書の位置づけや特徴が伝わったでしょうか。ぜひ本書を読んで「Rによるモダンな統計・機械学習モデルの世界」を体験してみてください。Enjoy!

注16　本書執筆時点でtidymodelsパッケージに含まれているrsampleパッケージやparsnipパッケージは、2019年まで拡張パッケージという扱いでした。また、ディープラーニングのためのtorchパッケージをtidymodelsで使用するためのパッケージ「lantern」は2021年にパッケージの名称を自体を「brulee」に変更し、大幅にアップデートをしています（「lantern」という名称のパッケージは、もう存在しません）。

contents

目次

第1章

データの準備

本章は、モデリングの作業の前段階としてデータ分割と前処理・特徴量エンジニアリングを扱います。データ分割には、データの特徴やモデル評価の目的に応じてさまざまな手法が存在すること、tidymodelsのrsampleパッケージがこうした多様なデータ分割のための機能を提供することを紹介します。また、recipesパッケージを使った前処理・特徴量エンジニアリングの手順（レシピ）の作成方法についても、豊富な前処理の手法とともに解説します。

本章の内容

1-1 データ分割とリサンプリング法

モデリングを始める前に、いくつかの検討事項が存在します。作成されるモデルにはどの程度の予測性能（汎化性能）を求めるのか、また、モデルを改善するための目安となる指標をどのように設定すればよいのか、などです。

こうしたモデルの性能評価を正しく行なうためには、モデルの学習データとは別のデータを確保しておく必要があります。この学習データと切り分けて用意するデータのことを評価データ[注1.1]と呼びます。評価データはその名の通り、モデルの性能評価のために用います。モデルの学習には用いないので注意が必要です。そのため、モデリングに着手する前段階で手元のデータ（データセット）を学習用と評価用に分ける作業を行なうことになります。この作業は**データ分割**と呼ばれます（図1.1）。

データ分割における2つのデータの役割を整理します。まず**学習データ**はモデルの作成と特徴量の選別、パラメータの推定に使用し、予測モデルを組み上げるまでに必要なすべての作業に利用します。学習データはモデリングの土台と言えます。一方の**評価データ**は組み上げたモデルが未知のデータに対し、どの程度の性能で予測を行なえるのか、すなわち予測性能を求めるために使用します。学習したモデルが評価データに対して高い予測性能を発揮する、またモデルを改善した際に同様に予測性能が向上するのであれば、そのモデルは未知のデータに対する予測性能も高いことが期待できます。

データ分割を行なう際、評価データがモデルの学習に使用されないように注意してください。繰り返しとなりますが、評価データはモデルの性能評価のためだけに使われます。評価データの一部を含んだデータでモデルが学習をした場合、モデルはすでに評価データについて「知っている」状態となります。これでは正しい性能評価をすることができません。データ分割はモデルの作成の前に行なうのが一般的です。

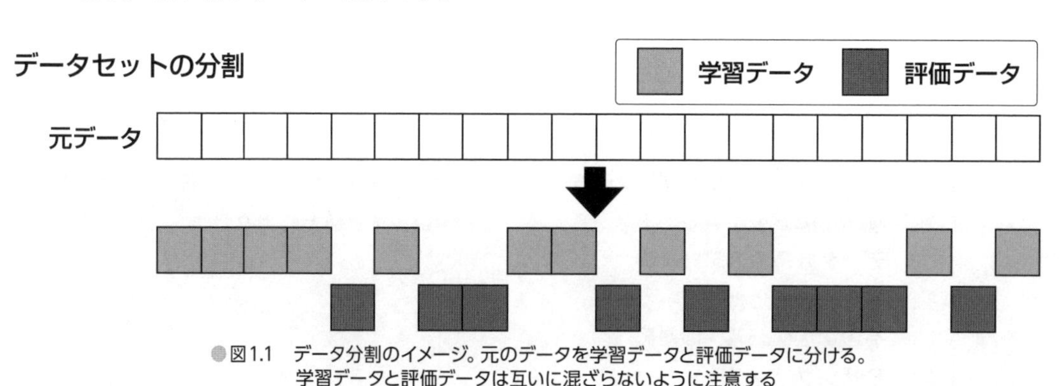

●図1.1　データ分割のイメージ。元のデータを学習データと評価データに分ける。学習データと評価データは互いに混ざらないように注意する

注1.1　これらのデータはそれぞれ、学習データを訓練データ、評価データをテストデータと呼ぶこともあります。本書では学習データ、評価データと記述します。

データを学習用と評価用に分けることは一般的な操作ですが、さらに**リサンプリング法**(Resampling)と呼ばれる手法を用いて、データ分割をすることがしばしばあります。代表的な手法は、交差検証法とブートストラップ法です。**交差検証法(Cross-validation)**はモデルを評価するうえで汎化誤差を推定するのに役立ちます。また、**ブートストラップ法(Bootstrap)**は一般的にモデルにより推定されるパラメータの精度を測定するために用いられます。リサンプリング法は学習データの一部を使って、モデルに対して繰り返しシミュレーションを行ないます。これによって、単一の学習データをモデルに適用するよりも多くの情報を得ることにつながります。

tidymodelsでは、データ分割、およびリサンプリング法を実行するために**rsampleパッケージ**を利用します。本章では、まず単純な無作為抽出による分割方法を紹介し、リサンプリング法の主な手法である交差検証法とブートストラップ法を解説します。

1-2 rsampleパッケージによるデータ分割のアプローチ

本章ではデータ分割の例を示すためにamesデータを使用します。以下のコードを実行することで、rsampleパッケージの関数、およびamesデータを利用できるようになります。

```
library(rsample)
data(ames, package = "modeldata")
```

set.seed()関数による乱数の固定

モデリングの作業を含め、データサイエンスの分野では、繰り返し同じ処理を行なった場合に同一の結果が得られることを保証する**再現性**を求められることがしばしばあります。ここでの再現性とは、時間の経過や実行環境の差異にかかわらず、同じ出力を得られることが保証されている状態を意味します。例えば、モデルの性能の改善に成功したとして、あらためて同じコードを実行したときに同じ結果を導き出せなくてはいけません。そうでなければモデルの性能改善は偶然の産物なのか、本当に改善されたのか判断できません。

処理内容をコードに残しておくことは再現性を確保するために重要な要素ですが、それだけでは不十分なこともあります。これは主に、乱数発生アルゴリズムを処理の過程で利用していることに起因します。rsampleパッケージにおいても、データの分割関数`initial_split()`のほか、多くの関数が乱数発生アルゴリズムの影響を受けることに注意しなくてはいけません。そこで、乱数を発生させるしくみと、乱数発生の処理を操作して再現性を担保するための方法を学びましょう。乱数発生の処理を繰り返し行なったときに、それぞれ同じ結果が確認できれば再現性が担保できたと言えます。

```
# rnorm()関数を使った正規分布に従う乱数の発生では、
# 実行のたびに異なる値が出力される
rnorm(5, mean = 0, sd = 1)
```

```
[1]  0.52201130  0.79362864  0.17661759 -1.13533196 -0.02023476
```
出力

```
rnorm(5, mean = 0, sd = 1)
```

```
[1] -0.41993384 -1.20088439 -0.23483469  0.47580070 -0.05089382
```
出力

Rには乱数を発生させる関数が数多くあり、**rnorm()関数**はその1つです。引数meanとsdで指定した平均と標準偏差からなる正規分布に従う乱数を出力するので、実行のたびに異なる乱数を得ることができます。このような関数の出力結果に対して、再実行時に同じ結果を得られるようにするには、乱数の固定が必要です。**set.seed()関数**を使うことで乱数が固定され、実行環境が異なる場合でも同じ実行結果を得ることができるようになります[注1.2]。

```
# set.seed()関数で乱数の固定を行なうことができる
set.seed(123)
rnorm(5)
```

```
[1] -0.56047565 -0.23017749  1.55870831  0.07050839  0.12928774
```
出力

```
set.seed(123)
rnorm(5)
```

```
[1] -0.56047565 -0.23017749  1.55870831  0.07050839  0.12928774
```
出力

注1.2　R3.6.0から乱数生成のためのアルゴリズムが変更されています。R3.6.0以前のバージョンのRを利用する場合、本書で示す結果と実行結果が異なることが想定されます。詳細はR Newsを参照してください。URL https://cran.r-project.org/doc/manuals/NEWS.3

 initial_split() 関数によるデータ分割

initial_split()関数は、対象のデータを学習データと評価データに分割します。この関数によるデータの分割は無作為（ランダム）に行われます。そのため関数を実行するたびに、分割されるデータの内訳が変わります。分割の結果を再現可能にするためには、以下のように乱数を固定してください。

```
# 再現性のある結果を得るために乱数を制御する
set.seed(123)
ames_split <-
  initial_split(data = ames)
```

initial_split()関数はデータフレームを第一引数に入力して受け取り、分割されたデータをinitial_split、mc_split、rsplitの3つのクラスからなるオブジェクトにして返却します。rsplitクラスは後述するrsampleパッケージでのデータ分割のための関数の返り値に共通するクラスです。

```
# initial_split()関数の結果はrsplitクラスになる
class(ames_split)
```

```
[1] "initial_split" "mc_split"      "rsplit"
```
出力

```
ames_split
```

```
<Training/Testing/Total>
<2197/733/2930>
```
出力

このオブジェクトの出力をみると、1行目にTraining、Testing、Totalと3つの項目が並び、2行目は数値が表示されています。これは1行目の各項目に該当するデータの件数を示します。上記の結果ではamesデータを分割し、学習データ（Training）に2,197件、評価データ（Testing）に733件に分割し、全体（Total）では2,930件含まれていることが読み取れます。

rsplitクラスのオブジェクトから、学習用と評価用に割り当てられたデータを参照するには、それぞれ**training()関数**と**testing()関数**を用います。これらの関数の返り値はデータフレーム形式です。元のデータと同じ列を持ちますが、学習データと評価データに分割されたあとの行数になることを確認しましょう。

```
# 学習データの取り出し
ames_train <-
  training(ames_split)
# 評価データの取り出し
ames_test <-
  testing(ames_split)

# initial_split()関数で学習データに分割されたデータの大きさの確認
# initial_split()関数を適用したオブジェクトを出力した際の学習データ件数 Training
# と一致し、amesデータセットと同じ列数であることがわかる
dim(ames_train)
```

```
[1] 2197   74
```
出力

学習・評価データに割り振られる件数の割合をinitial_split()関数のprop引数で変更できます。この引数の初期値は3/4（データの75%を学習データとする）ですが、これを変更して80%のデータを学習用にするには以下のように記述します。

```
set.seed(123)
# prop引数で学習用に用意するデータの比率を調整する
# propに与える数値が学習データの割合になる
ames_split <-
  initial_split(data = ames, prop = 0.80)
ames_split
```

```
<Training/Testing/Total>
<2344/586/2930>
```
出力

 parsnipパッケージによるモデル作成

手持ちのデータを学習データと評価データに分割できました。次はこの学習データをもとに簡単なモデルを作成し、評価データを与えることでその予測性能を調べてみましょう。

ここではparsnipパッケージの関数を使って線形回帰モデルを作成します。parsnipパッケージの概要、ならびに各関数の詳細については次章を参照してください。

```
library(parsnip)
# 線形回帰モデルの指定
lm_spec <-
  linear_reg() %>%
  set_mode("regression") %>%
  set_engine("lm")
```

```
# Sale_Priceを予測するモデル(学習結果のオブジェクト)の作成
lm_fit <-
  lm_spec %>%
  fit(Sale_Price ~ Gr_Liv_Area + Year_Built + Bldg_Type, data = ames_train)
```

tidymodelsの枠組みでは、parsnipパッケージで設計したモデルの`fit()`関数による学習結果を、`predict()`関数や`augment()`関数を用いて他のデータ、つまり評価データに適用できます。どちらの関数も学習結果のオブジェクトとモデルを適用するデータを引数に持ちます。適用するデータは引数`new_data`で与えます。2つの関数の違いは返却されるデータフレームに表れます。`predict()`関数では実行結果として得られるデータフレームには予測結果の列だけを含んでいます。もう1つの`augment()`関数による結果は、予測結果の列に加えて元のデータの列を含む状態となります。

parsnipパッケージを使ったモデル作成の流れとして、まずは**`predict()`関数**の実行結果を確認します。

```
# 評価データames_testへのモデルの適用
# predict()関数では予測結果の列からなるデータフレームが返却される
predict(lm_fit, new_data = ames_test)
```

```
# A tibble: 733 × 1                                                    出力
    .pred
    <dbl>
1 153355.
2 224006.
3 194922.
4 156385.
5 138602.
# … with 728 more rows
```

返却されたデータフレームにある`.pred`列が評価データの各行に対する予測結果となります。一方、予測結果だけでは予測がうまくいっているのか、性能評価を行なうことができません。そこで元の評価データに対して予測結果の列を追加する**`augment()`関数**を使うことになります。ここでは`augment()`関数が予測対象と予測結果の列を保持していることを確認しますが、元のデータの列数が多いため、`augment()`関数を適用した後に`dplyr::select()`関数を使って予測対象となる`Sale_Price`と予測結果の`.pred`の2列からなるデータフレームを返すように手を加えています。

```
# 評価データames_testへのモデルの適用
# 目的変数であるSale_Priceと
# モデルが予測した値.predが含まれるデータフレームを作成
augment(lm_fit, new_data = ames_test) %>%
  select(Sale_Price, .pred)
```

出力

```
# A tibble: 733 × 2
   Sale_Price   .pred
        <int>   <dbl>
 1     172000 153355.
 2     195500 224006.
 3     212000 194922.
 4     170000 156385.
 5     142000 138602.
 6     115000 123733.
 7      88000 107527.
 8     306000 243519.
 9     275000 240722.
10     259000 252483.
# … with 723 more rows
```

予測対象と予測結果を比較することで、予測がどの程度の性能を持つのかを知ることができます。これには次項で紹介するyardstickパッケージを利用します。

yardstick パッケージによるモデル評価

評価指標の算出はyardstickパッケージを使って行ないます。ここでは評価指標にRMSE（Root Mean Squared Error；二乗平均平方根誤差）を用います。RMSEでは算出される値が0に近いほど回帰モデルの性能が良いことを示します。ここではRMSEを算出するためにrmse()関数を使っていますが、yardstickパッケージにはこの他にも多くの評価指標を求めるための関数が用意されています。yardstickパッケージについては2章と3章で詳しく説明します。

```
# 学習データを使ってモデルの性能評価を行なう
augment(lm_fit, new_data = ames_train)  %>%
  yardstick::rmse(truth = Sale_Price, estimate = .pred)
```

出力

```
# A tibble: 1 × 3
  .metric .estimator .estimate
  <chr>   <chr>          <dbl>
1 rmse    standard      45408.
```

このaugment()関数とrmse()関数を用いた評価指標の算出は、評価データに対しても利用できます。

```
# 評価データを使ってモデルの性能評価を行なう
augment(lm_fit, new_data = ames_test) %>%
  yardstick::rmse(truth = Sale_Price, estimate = .pred)
```

```
# A tibble: 1 × 3                                          出力
  .metric .estimator .estimate
  <chr>   <chr>          <dbl>
1 rmse    standard       43393.
```

学習データと評価データのRMSEの値を比較することで、モデルが未知のデータに対してどの程度汎化するかを確認できます。

学習データと評価データの間でRMSEに大きな差がある場合、モデルが過学習を起こしている可能性があるか、データの間に明瞭な差異があることを示唆します。このような問題の原因は、誤ったデータ分割の方法に由来します。具体的には、時系列で区別されるべきデータをランダムに分割してしまったことや、グループをまとめて分割すべきところをランダムに分割してしまったことなどが原因となります。今回のamesデータはそのような性質を持つものではありません。また、単純無作為抽出を行なう`initial_split()`関数を用いて学習データと評価データを作成したため、問題は起こっていないようですが、データの特徴に応じて適用するデータ分割の方法にも留意する必要があることを覚えておいてください。

1-3 無作為抽出によるデータ分割が不適切なケースへの対応

`initial_split()`関数によるデータ分割は、データを無作為に振り分ける単純無作為抽出です。単純無作為抽出は一般的なデータ分割の方法ですが、問題となる場合があります。単純無作為抽出によるデータ分割では、元データの分布が偏っている場合や、正解クラスが別のクラスよりも極端に少ない（多い）不均衡な場合（不均衡データ）に、それを考慮せずにデータを割り当ててしまいます。

具体的な例を見てみましょう。amesデータに含まれる`Sale_Price`変数（売却価格）には連続変数が記録されています。図1.2は`Sale_Price`変数の確率密度曲線とその四分位数を描画したものです。図1.2を見ると、売却価格の平均近くに多くのデータが分布していること、そして一部のデータが平均売却価格よりも高く、分布の裾を広げていることがわかります。

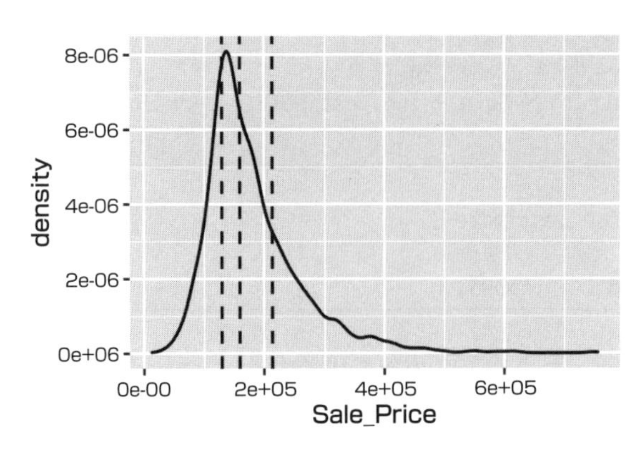

図1.2　amesデータにおけるSale_Price変数の確率密度曲線。
四分位数を波線で示す

単純無作為抽出が問題となるのは、データの分布がこのように偏っているときです。例えば不動産の価格を予測するのに、データ数の多い平均的な売却価格ばかりを含んだ学習データでモデルを作成した場合、高額な売却価格の予測が困難になることが懸念されます。先ほど行なった**initial_split()**関数の実行結果から、この問題について確認しましょう。

```
# amesデータにおけるSale_Priceの四分位数を算出する
q <-
  quantile(ames$Sale_Price)
q
```

```
     0%    25%    50%    75%   100%
  12789 129500 160000 213500 755000
```

学習データに含まれる売却価格の四分位数ごとの内訳を確認します。

```
# 分割後の学習データに含まれるSale_Priceの分布を四分位数をもとにカウント
train_sale_price <-
  training(ames_split)$Sale_Price

tibble::tibble(
  group = seq(length(q) - 1),
  n = c(table(cut(train_sale_price, q, include.lowest = TRUE))))
```

```
# A tibble: 4 × 2
  group     n
  <int> <int>
1     1   619
```

```
2       2   583
3       3   580
4       4   562
```

1
2
3
4
5
6

最小値から第一四分位数である129500までの値を含むグループ（group）1の数が他のグループよりも多くなっています。第二四分位数以降、より大きな売却価格のグループになるほど、含まれるデータ数が少ないことが確認できました。これによって、単純無作為抽出による振り分けが不均衡データに対応できていないことがわかります。

initial_split()関数による層化抽出

偏りがあるデータに対応するために**層化抽出**（Stratified Sampling）と呼ばれる方法が用いられます。層化抽出では、元データをあらかじめいくつかの層に分割し（売却価格のような連続変数では四分位が利用されます）、各層から無作為抽出を行ないます。いくつかの層に分けて振り分けることで、分割データを均衡なデータに近づけることができます。

rsampleパッケージを用いて層化抽出を行なうには、`initial_split()`関数のオプション引数`strata`に層化したいデータの変数名を指定して実行します。先ほどと同じく四分位数ごとにデータの内訳を表示してみます。

```
set.seed(123)
# 引数strataにSale_Price変数を指定し、層を作る
ames_split <-
  initial_split(ames, prop = 0.80, strata = Sale_Price)

train_sale_price <-
  training(ames_split)$Sale_Price

tibble::tibble(
  group = seq(length(q) - 1),
  n = c(table(cut(train_sale_price, q, include.lowest = TRUE))))
```

出力

```
# A tibble: 4 × 2
  group     n
  <int> <int>
1     1   591
2     2   582
3     3   585
4     4   584
```

層化抽出の結果を見ると、学習データの売却価格の各グループ件数はほぼ均等になっていま

す。このことから層化抽出がデータの偏りを解消させるのに役立つことがわかりました。

分類問題を考えるときに、あるクラスが別のクラスよりもはるかに少ない頻度で発生するデータを扱うときにも注意が必要です。このようなデータの不均衡はしばしば発生します。例えば、センサーの異常を感知するログやクレジットカードの不正利用情報といった予測したい対象が稀にしか観測されないような事象です。予測するクラスの数に偏りが生じている場合、単純無作為抽出では少ないクラスのデータを学習・評価データに均等に配分できない可能性があります。これに対しては層化抽出、または後述するダウンサンプリングという方法が効果的です。

initial_time_split() 関数による時系列データの分割

不均衡データと同様に、**時系列データ**を扱う場合も、単純無作為抽出によるデータ分割は不適切です。時系列データを扱う際は、一般にデータをいくつかの時期に分けて、最も新しい時期のデータを評価用に利用します（図1.3）。時系列データの特徴は、"ある状態"は"1つ前の状態"に依存している可能性があるということです。今日の株価は前日の株価に依存する、前日の気温は今日の気温に依存するといった具合です。そのため、将来の予測をするモデルを作成したいときに、学習データに最新のデータが含まれる状態で学習してしまうと、手元の評価では良いモデルができているにもかかわらず、未知のデータに対する精度が低くなってしまうのです。これを**リーケージ（Leakage）**と呼び、本来"使ってはいけないデータ"を学習データに含んだ状態を指します。

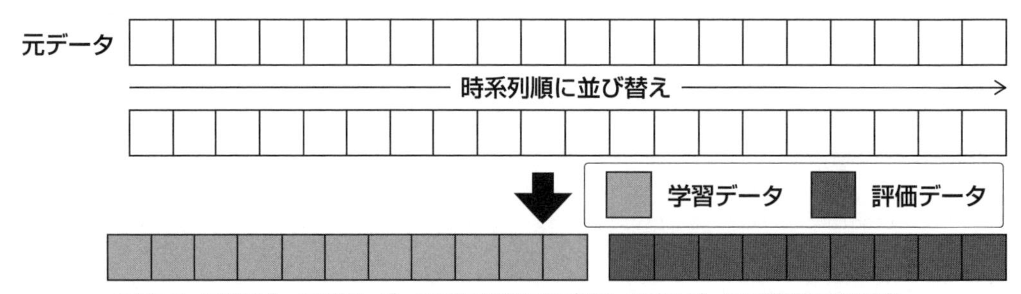

●図1.3　時系列データの分割。データを時系列順に並び替え、最新のデータを評価用に利用する

rsampleパッケージでは、特に時系列データを扱う際のリーケージに対処するには**initial_time_split()関数**を使用します。ここではmodeldataパッケージに含まれるdrinksデータを取り上げて、時系列データについて解説します。このデータは1992年から2017年までの酒類の販売データとなっており、日付順で記録されています。以下のコードを実行することでデータを利用できます。

```
# drinksデータを利用可能にする
data(drinks, package = "modeldata")
```

drinksデータの内容を確認します。日付（date）と販売量（S4248SM144NCEN）の変数が記録されています。

```
head(drinks)
```

```
# A tibble: 6 × 2
  date       S4248SM144NCEN
  <date>              <dbl>
1 1992-01-01           3459
2 1992-02-01           3458
3 1992-03-01           4002
4 1992-04-01           4564
5 1992-05-01           4221
6 1992-06-01           4529
```

initial_time_split()関数はinitial_split()関数と類似しています。第一引数に分割対象となるデータフレームを与えて実行します。initial_split()関数と同様に、学習用・評価用のデータ分割の比率を調整するprop引数が用意されており、初期値は同じく3/4を学習データに割り当てます。なお層化抽出のためのstrata引数は用意されていません。

```
# initial_time_split()関数の実行
set.seed(123)
drinks_split_ts <-
  initial_time_split(drinks)
# 学習データ、評価データの参照方法はinitial_split()関数の結果と同様
train_ts_data <-
  training(drinks_split_ts)
test_ts_data <-
  testing(drinks_split_ts)
```

initial_time_split()関数はデータに含まれる時系列の情報（日付、時刻など）を自動的に判別して、より新しいデータを評価データに割り当てます。学習・評価データに含まれる日付がどのように分割されているか、以下のコードで確認してみましょう。

```
# 学習・評価データそれぞれに含まれる日付の範囲を表示する
range(train_ts_data$date)
```

```
[1] "1992-01-01" "2011-03-01"
```
出力

```
range(test_ts_data$date)
```

```
[1] "2011-04-01" "2017-09-01"
```
出力

たしかに新しい日付のデータが評価データに含まれているようです。図1.4でも無作為抽出での`initial_split()`関数と時系列の情報を考慮して分割を行なう`initial_time_split()`関数による学習・評価データの違いを比較しています。

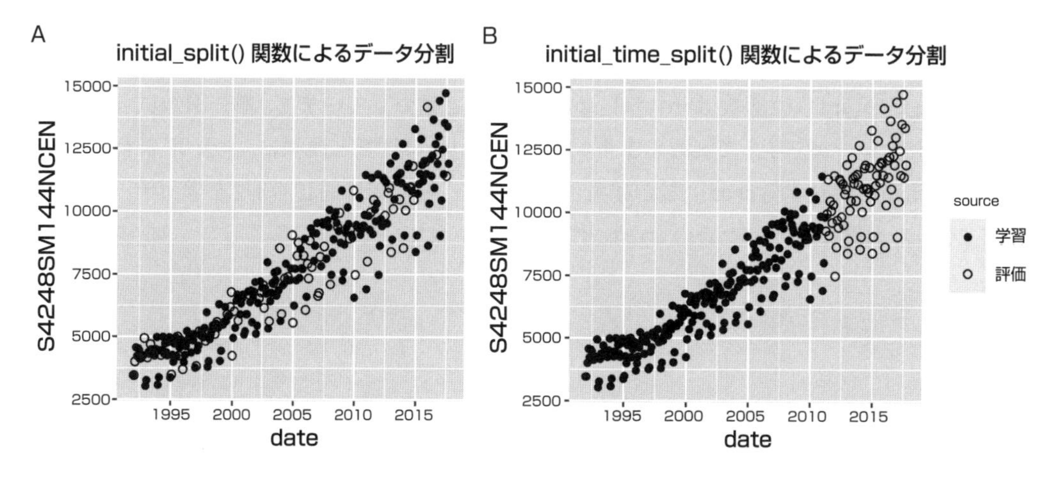

図1.4　時系列データに対するrsampleパッケージの分割関数を適用した結果の違い。
A：時系列データに`initial_split()`関数によるデータ分割を適用すると、評価データに割り当てられるデータが日付の並びを無視したものとなってしまう。
B：`initial_time_split()`関数によるデータ分割を行なった場合、評価データは最新のデータに割り当てられる

図1.4Aは時系列データに対して`initial_split()`関数によるデータ分割を行い、学習データと評価データそれぞれを色分けして可視化したものです。グラフの横軸が時系列情報となる日付を示していますが、ここに学習データと評価データが混在していることがわかります。この状態でモデルが学習を行うとリーケージを起こします。一方、図1.4Bでは時系列情報を考慮したデータ分割を行う`initial_time_split()`関数でのデータ分割後の結果を示しています。こちらは学習データと評価データが日付に対して明瞭に区分されており、学習データがある時点以降の日付を含むことはありません。

1-4 リサンプリング法

一般的なモデル作成の枠組みでは、モデルの有効性の判断は評価データを用いずに実施する必要があります。そのため手元のデータを学習データ、評価データの2つに分けるのではなく、学習データと評価データ、および検証用データを加えた3つのデータを用意することが一般的です。ただし、各データに割り振るデータの件数が少なくなってしまうため、この方法を用いるには、データの件数が十分に多いことが前提です。

また、モデル性能評価の観点から見ると、検証する評価データの数が1つで十分かという疑問を残します。原則として無作為抽出によるデータ分割であっても、元データの性質に由来するデータの偏りが原因となり、正しく性能を評価できない可能性があります。

検証用データを作成するためには、**リサンプリング法**を利用します（図1.5）。リサンプリング法では、新しいデータに対してモデルがどのように機能するかをシミュレーションするために、異なる学習データを生成します。そのため学習データだけを用いてデータを作成します。評価データを使わないのが原則です。

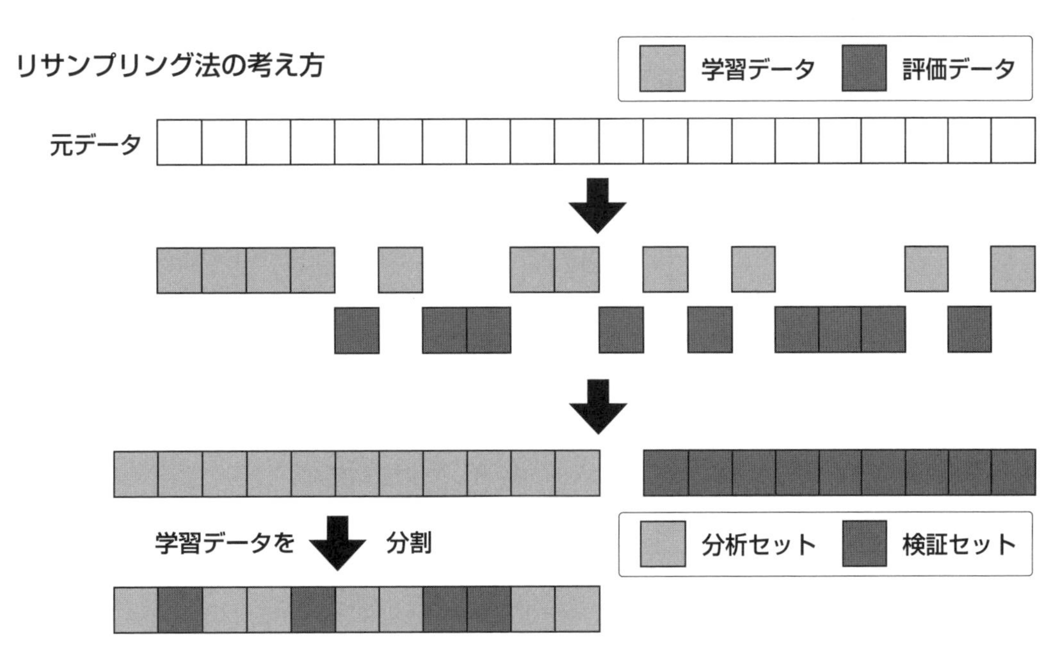

●図1.5　リサンプリング法では2段階で元のデータを分割する。第1段階では学習と評価用のデータ分割。第2段階では学習データをさらに分析セットと検証セットに分ける

リサンプリングの手順は、学習データを分割し、1つをモデルに適用し、もう1つをモデルの評価に利用する、この作業の繰り返しです。この分割は学習データと評価データの作成と似ています。これまで取り上げてきたデータ分割における学習データ、評価データと区別するために、リサンプリングによって学習データをさらに分割したデータについて、それぞれ"分析セット"と"検証セット"と呼ぶことにします。ここでモデルの性能は、複製された検証セットによる値の平均によって判断します。

リサンプリング法には、データの生成方法とシミュレーションの反復回数によっていくつかの手法があります。代表的な手法として、交差検証法とブートストラップ法の2つを取り上げます。リサンプリング法のなかでも、**交差検証法**（Cross-validation）は、機械学習モデルを作成する際に広く用いられる方法です。交差検証法にもさまざまなバリエーションがありますが、共通して次のような効果が期待できます。

- モデルの過学習を防ぐ
- モデルの汎化性能を高める（未知のデータに対する予測精度をあげる）

ここからは、rsampleパッケージを使った交差検証法、およびブートストラップ法を確認するとともに、時系列データを扱う際のリサンプリング手順についても紹介します。

１つ抜き交差検証法

1つ抜き（Leave-One-Out）交差検証法によるデータ分割の特徴は、対象となるデータ中の1つのデータのみに検証セットを割り当てて使用する点です。残りのデータは分析セットに使用します。これにより、データがn件あれば、n件の分析セットと検証セットの組み合わせが作成されます。各モデルは除外された1つのデータに対する予測を行ないます。この手続きを繰り返し、最終的にn個の予測値からRMSEなどの評価指標を算出できます（図1.6）。

1つ抜き交差検証法では、学習データの件数がnであったときに$n-1$件を分析セットとします。分割にランダム性があるわけではないため、検証時に推定誤差を過大に評価することはありません。一方、1つ抜き交差検証法は小規模なデータに適した手法です。

rsampleパッケージには1つ抜き交差検証法のための`loo_cv()`**関数**が用意されています。しかし、1つ抜き交差検証法は後述のk分割交差検証法の特別な場合に相当するため、`loo_cv()`関数により作成される`loo_cv`オブジェクトに適用可能な関数は限定的です。

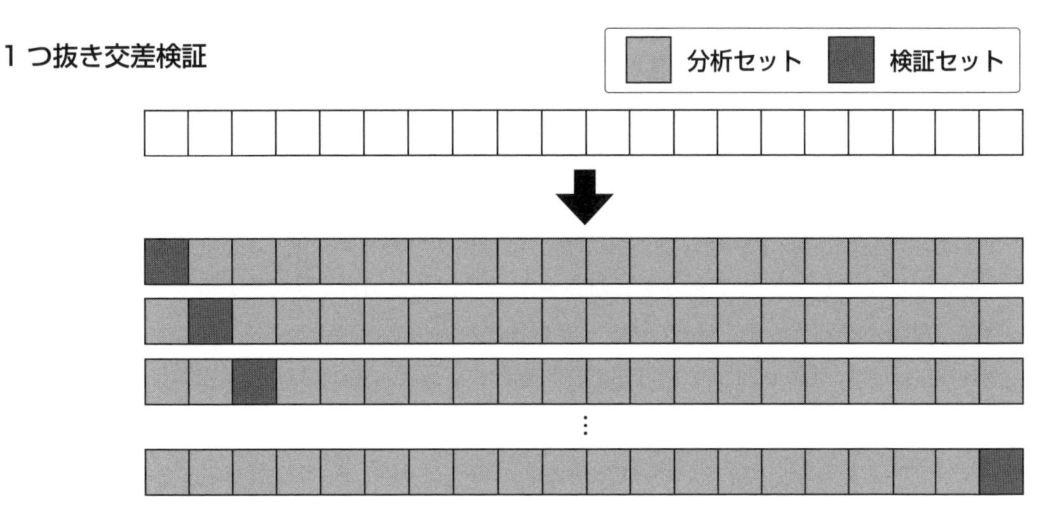

●図1.6　1つ抜き交差検証法。すべてのデータの中から、1件ずつのデータを検証セットに利用するので、その分の分析セットと検証セットの組み合わせが作成される

k分割交差検証法

交差検証法の中でもよく利用されるのは、**k分割交差検証法**（k-fold Cross-validation）、またはv分割交差検証法（v-fold Cross-validation）と呼ばれる方法です。k分割交差検証法はデータをほぼ同じ大きさからなる、任意のk個のグループへ無作為に分割します。ここで1つのグループを検証セット、残りを分析セット（$k-1$個のグループ）にします。すべてのグループが検証セットに割り当てられるように、この手順をk回繰り返します。各グループのまとまりを**Fold**あるいはSplitと呼びます。例えば$k=4$で分割を行なった場合、4種類のFoldが作成されます（図1.7）。

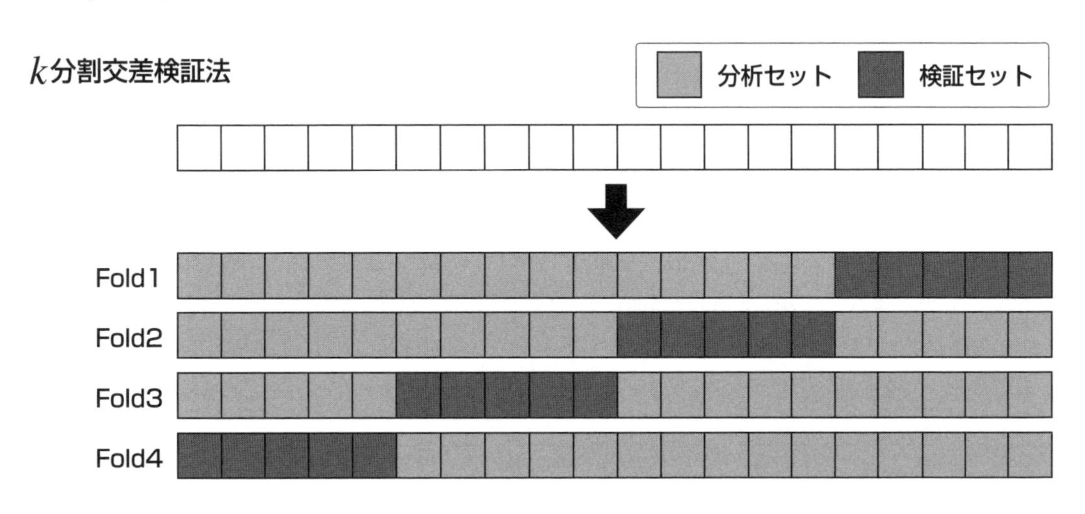

●図1.7　k分割交差検証法。データ全体を任意のグループ数に分け、各グループが一度は検証セットとなるようにFoldを作成する

Foldの数を$k = n$とした場合、前述の1つ抜き交差検証法と同じようにすべてのデータを分割し、検証セットと分析セットを作成します。つまり、kの数を増やすと計算量が増加するのは明らかです。k分割交差検証法（$k < n$の場合）では、kの数を減らすことで計算量を抑えることができます。

k分割交差検証法では、学習データの量を増加させることによるモデル精度の改善と、計算時間の増大とのトレードオフが知られています[注1.3]。そのためkの選択についても検討課題となりますが、一般的には$k = 5$や$k = 10$といった分割数にあらかじめ設定されることが多いです。

rsampleパッケージでk分割交差検証法を実行するには**vfold_cv()関数**を使います[注1.4]。第一引数に対象となるデータを指定します。層化抽出を考慮したstrata引数が用意されている点もinitial_split()関数と同様です。Fold数を設定する引数vが用意されています。

```
set.seed(123)
# k = 10のk分割交差検証法を実行
# 学習データを引数dataに与える
folds <-
  vfold_cv(ames_train, v = 10)
folds
```

出力

```
#  10-fold cross-validation
# A tibble: 10 × 2
   splits             id
   <list>             <chr>
 1 <split [1977/220]> Fold01
 2 <split [1977/220]> Fold02
 3 <split [1977/220]> Fold03
 4 <split [1977/220]> Fold04
 5 <split [1977/220]> Fold05
 6 <split [1977/220]> Fold06
 7 <split [1977/220]> Fold07
 8 <split [1978/219]> Fold08
 9 <split [1978/219]> Fold09
10 <split [1978/219]> Fold10
```

vfold_cv()関数が返却する値は、データフレームの拡張オブジェクト（vfold_cvクラス）です。splits、idの2列からなり、1行が1つのFoldに相当します。splits列にはrsplitクラスのオブジェクトが含まれますが、前述したinitial_split()関数を使って生成されるrsplitオブジェクトとはいくつか異なる点があります。まず、オブジェクトのクラスがrsplitだけでなくvfold_splitクラスをも持つ点です。この違いはオブジェクトを出力すると明確にわかります。

注1.3　Fold数が2と4の場合、4のときの計算時間は2のときの倍になりますが、分析セットとして扱われるデータの数は全体の半分から3/4に増えます。これによりモデルの精度向上が期待できます。

注1.4　rsampleパッケージではk分割交差検証法ではなくv分割交差検証法の呼び方を採用し、vfold_cv()関数の名で実装されています。
URL https://github.com/tidymodels/rsample/issues/263

```
# vfold_cv()関数により生成されるsplits列のオブジェクトは
# rsplitクラスの他にvfold_splitクラスを持つ
class(folds$splits[[1]])
```

```
[1] "vfold_split" "rsplit"
```
出力

```
# splits列にはrsplitクラスのオブジェクトが格納される
folds$splits[[1]]
```

```
<Analysis/Assess/Total>
<1977/220/2197>
```
出力

rsplitクラスのオブジェクトの出力を見ると、1行目にAnalysis、Assess、Totalと3つの項目が示されています。これはinitial_split()関数で作られるオブジェクトの出力Training、Testing、Totalの表示と異なります。一方、2行目については、各項目に割り当てられるデータの件数であり同じです。このデータ件数は、1つのFoldに使われている分析セット（Analysis）と検証セット（Assess）、全体（Total）を示しています。

initial_split()関数によるデータ分割では、学習データと評価データを参照するためにtraining()関数とtesting()関数を使いました。vfold_cv()関数によって分割された内容をデータフレーム形式で表示するには、**analysis()関数**と**assessment()関数**を使います。これはそれぞれ分析セットと検証セットの参照に利用します。

```
# 分析セットの参照
analysis(folds$splits[[1]])
```

```
# A tibble: 1,977 × 74
   MS_Sub…¹ MS_Zo…² Lot_F…³ Lot_A…⁴ Street Alley Lot_S…⁵ Land_…⁶ Utili…⁷
   <fct>    <fct>     <dbl>   <int> <fct>  <fct> <fct>   <fct>   <fct>
 1 One_Sto… Floati…      81   11216 Pave   No_A… Regular Lvl     AllPub
 2 Two_Sto… Floati…       0    2998 Pave   No_A… Regular Lvl     AllPub
 3 One_Sto… Reside…       0   17871 Pave   No_A… Modera… Lvl     AllPub
 4 Two_Sto… Floati…      85   10574 Pave   No_A… Regular Lvl     AllPub
 5 One_and… Reside…      50    6000 Pave   No_A… Regular Lvl     AllPub
 6 Two_Sto… Floati…      35    4251 Pave   Paved Slight… Lvl     AllPub
 7 One_Sto… Reside…      65    8125 Pave   No_A… Regular Lvl     AllPub
 8 One_and… Reside…      80    8480 Pave   No_A… Regular Lvl     AllPub
 9 One_Sto… Reside…      60    7200 Pave   No_A… Regular Lvl     AllPub
10 One_Sto… Reside…      60   10800 Pave   Grav… Regular Lvl     AllPub
# … with 1,967 more rows, 65 more variables: Lot_Config <fct>,
#   Land_Slope <fct>, Neighborhood <fct>, Condition_1 <fct>,
```
出力

```
#   Condition_2 <fct>, Bldg_Type <fct>, House_Style <fct>,
#   Overall_Cond <fct>, Year_Built <int>, Year_Remod_Add <int>,
#   Roof_Style <fct>, Roof_Matl <fct>, Exterior_1st <fct>,
#   Exterior_2nd <fct>, Mas_Vnr_Type <fct>, Mas_Vnr_Area <dbl>,
#   Exter_Cond <fct>, Foundation <fct>, Bsmt_Cond <fct>, …
```

```
# 検証セットの参照
assessment(folds$splits[[1]])
```

出力

```
# A tibble: 220 × 74
   MS_Sub…¹ MS_Zo…² Lot_F…³ Lot_A…⁴ Street Alley Lot_S…⁵ Land_…⁶ Utili…⁷
   <fct>    <fct>     <dbl>   <int> <fct>  <fct> <fct>   <fct>   <fct>
 1 One_Sto… Reside…       0   12735 Pave   No_A… Slight… Lvl     AllPub
 2 Split_o… Reside…      80   13014 Pave   No_A… Regular Lvl     AllPub
 3 One_and… Reside…      60   10998 Pave   Grav… Regular Lvl     AllPub
 4 Duplex_… Reside…      72   10773 Pave   No_A… Regular Lvl     AllPub
 5 One_Sto… Reside…      89   12461 Pave   No_A… Regular Lvl     AllPub
 6 One_Sto… Reside…     160   20000 Pave   No_A… Regular Lvl     AllPub
 7 Two_Sto… Reside…      63    8402 Pave   No_A… Slight… Lvl     AllPub
 8 One_Sto… Reside…      66   12778 Pave   No_A… Regular Lvl     AllPub
 9 One_and… Reside…      57    8050 Pave   No_A… Regular Lvl     AllPub
10 Two_Sto… Reside…      21    1890 Pave   No_A… Regular Lvl     AllPub
# … with 210 more rows, 65 more variables: Lot_Config <fct>,
#   Land_Slope <fct>, Neighborhood <fct>, Condition_1 <fct>,
#   Condition_2 <fct>, Bldg_Type <fct>, House_Style <fct>,
#   Overall_Cond <fct>, Year_Built <int>, Year_Remod_Add <int>,
#   Roof_Style <fct>, Roof_Matl <fct>, Exterior_1st <fct>,
#   Exterior_2nd <fct>, Mas_Vnr_Type <fct>, Mas_Vnr_Area <dbl>,
#   Exter_Cond <fct>, Foundation <fct>, Bsmt_Cond <fct>, …
```

tidymodelsでは、交差検証法用に生成されたオブジェクトをもとにモデルの作成を効率的に行なうためのしくみが用意されています。ハイパーパラメータ探索を効率的に実施するtuneパッケージ、グリッドサーチを効率的に行うdialsパッケージです。詳しくは5章以降で扱います。

モデルの推定性能を向上させるためには、Foldの数を増やすことが1つの案です。k分割交差検証法を繰り返すことで、モデルのバイアスを軽減させ、モデルの推定性能が向上します。

k分割交差検証法では検証結果がリサンプリング時の分布の性質に偏ります。この影響を減らすにはk分割交差検証法そのものを繰り返す方法があります。`vfold_cv()`関数には`repeats`引数が用意されており、k分割交差検証法を複数回繰り返すことが可能です。

```
set.seed(123)
# v = 10、繰り返し回数 = 5の10*5のデータを作成する
ames_fold_rep5 <-
  vfold_cv(ames_train, v = 10, repeats = 5)

ames_fold_rep5
```

出力

```
#  10-fold cross-validation repeated 5 times
# A tibble: 50 × 3
   splits             id      id2
   <list>             <chr>   <chr>
 1 <split [1977/220]> Repeat1 Fold01
 2 <split [1977/220]> Repeat1 Fold02
 3 <split [1977/220]> Repeat1 Fold03
 4 <split [1977/220]> Repeat1 Fold04
 5 <split [1977/220]> Repeat1 Fold05
 6 <split [1977/220]> Repeat1 Fold06
 7 <split [1977/220]> Repeat1 Fold07
 8 <split [1978/219]> Repeat1 Fold08
 9 <split [1978/219]> Repeat1 Fold09
10 <split [1978/219]> Repeat1 Fold10
# … with 40 more rows
```

ブートストラップ法

交差検証法とは異なるアプローチをとるリサンプリング法の1つに、**ブートストラップ法**(Bootstrap)があります。元々は、理論的性質が難解な、統計のサンプリング分布を近似するために考案されました。ここではブートストラップ法の詳細には踏み込みませんので、ご自身に合った資料・書籍を参照してください。

リサンプリング法としてこれまで紹介した手法は、データをいかに分割するかが焦点となっていました。一方、ブートストラップ法では元のデータ件数と同じ件数からなる、ブートストラップ標本と呼ばれる複数のデータを生成します。このとき、ブーストラップ標本へ選ばれるデータには重複があってもよいものとします。これを**復元抽出**と呼びます。選ばれなかったデータは検証用に使われます。そのため、分析セットの件数は元データと一致しますが、検証セットの件数は分析用データでの重複件数に応じて複製のたびに差異が生じます。

bootstraps()関数を使ってブートストラップ法を実行してみましょう。引数`times`によってブートストラップ標本の数を指定します。ここまで紹介してきたrsampleパッケージによるデータ分割・リサンプリングの関数と同様に、層化を行なうためのオプション引数`strata`も備えています。

```
set.seed(123)
# 25個のブートストラップ標本を作成する
ames_boots <-
  bootstraps(ames_train, times = 25)

dim(ames_train)
```

```
[1] 2197   74
```
出力

```
# ブートストラップ標本に含まれる分析セットの数は元のデータ件数と一致する
# 評価セットの件数はブートストラップ標本ごとに異なる
ames_boots
```

```
# Bootstrap sampling
# A tibble: 25 × 2
   splits             id
   <list>             <chr>
 1 <split [2197/807]> Bootstrap01
 2 <split [2197/803]> Bootstrap02
 3 <split [2197/809]> Bootstrap03
 4 <split [2197/822]> Bootstrap04
 5 <split [2197/790]> Bootstrap05
 6 <split [2197/801]> Bootstrap06
 7 <split [2197/810]> Bootstrap07
 8 <split [2197/805]> Bootstrap08
 9 <split [2197/807]> Bootstrap09
10 <split [2197/823]> Bootstrap10
# … with 15 more rows
```
出力

時系列データのリサンプリング法

時系列データの分割においては、学習データと評価データの間で、時間をまたいだデータが互いに混在しないように、最新のデータを評価データにする必要があると前述しました。リサンプリングの際も、この時系列データの性質を考慮しなければなりません。

rsampleパッケージでは、一定の期間ごとに時系列データを分割する`sliding_window()`関数と、これを拡張した`sliding_index()`関数、`sliding_period()`関数のいずれかで時系列データのリサンプリングを行ないます。ここからは時系列データの例で扱ったdrinksデータを引き続き用います。時系列データのリサンプリングに用いる関数の機能をわかりやすくするため、drinksデータの件数を3年間分に調整し、データ分割を実行しておきます。

```
# drinksデータに年を表す変数を追加し、件数を3年間(36ヶ月)分に制限する
drinks_annual <-
  drinks %>%
  mutate(year = lubridate::year(date)) %>%
  filter(between(year, 1992, 1994))

# 時系列でのデータ分割により、1994年のデータを評価データに利用する
drinks_split_ts2 <-
  initial_time_split(drinks_annual, prop = 0.68)
train_ts_data2 <-
  training(drinks_split_ts2)

# 1992年と1993年の24ヶ月を学習データに扱う
train_ts_data2
```

出力

```
# A tibble: 24 × 3
   date       S4248SM144NCEN  year
   <date>              <dbl> <dbl>
 1 1992-01-01           3459  1992
 2 1992-02-01           3458  1992
 3 1992-03-01           4002  1992
 4 1992-04-01           4564  1992
 5 1992-05-01           4221  1992
 6 1992-06-01           4529  1992
 7 1992-07-01           4466  1992
 8 1992-08-01           4137  1992
 9 1992-09-01           4126  1992
10 1992-10-01           4259  1992
# … with 14 more rows
```

sliding_window()関数のコードを以下に示します。第一引数に与えるのは交差検証法やブートストラップ法の処理で見たように、分割対象のデータです。

```
# 時系列リサンプリングの実行
ts_fold <-
  sliding_window(train_ts_data2,
                 lookback = 11,
                 assess_start = 1,
                 assess_stop = 10)

ts_fold
```

出力

```
# Sliding window resampling
# A tibble: 3 × 2
  splits          id
```

```
  <list>          <chr>
1 <split [12/10]> Slice1
2 <split [12/10]> Slice2
3 <split [12/10]> Slice3
```

前述したvfold_cv()関数やbootstraps()関数などのリサンプリング用の関数と同じく、sliding_window()関数の返り値はsplitsとidの列からなるデータフレームです。出力を見ると、分析セットと検証セットの組み合わせからなるrsplitオブジェクトが3パターン生成されています。ここで生成されるsplitの数は、元のデータ件数とsliding_window()関数で与えた引数により変動します。具体的には、lookback引数およびassess_start、assess_stopの値の組み合わせです。

時系列データのリサンプリングを行なう関数は、時間を制御するための引数を備えています。時系列データをリサンプリングする関数で指定できる主な引数とその機能を表1.1にまとめます。

●表1.1　時系列リサンプリングの関数で指定可能な主な引数とその機能

引数	機能
lookback	分析セットの件数（時系列の起点となる自身を含まない件数）
assess_start	検証セットの時系列上での起点
assess_stop	検証セットの時系列上での終点
index	分割するデータの時間単位（変数名）を指定する
period	indexをグループ化する期間。時間の単位（"year"や"month"）を文字列で指定する

繰り返しの説明となりますが、時系列データにおけるリサンプリングでは、検証セット内の時系列データが分析セットよりも前の時間を含んでいてはいけません。そのためsliding_window()関数では、時系列の起点（最も古い時系列データ）が分析セットに設定されるように機能します。lookback引数は分析セットとして扱うデータの件数を制御します。初期値は0で、起点となる一時点のデータだけを含んでいます。引数に与える数値を大きくすると、分析セットに含むデータを時系列の起点から数えて増やしていくことになります。

assess_startおよびassess_stop引数は、検証セットの起点と終点を設定するオプションです。いずれの引数も初期値には1が与えられています。これは検証セットに、分析セットの最後の時間から次の時間が記録されているデータ1件を設定していることを意味します。assess_stop = 2とすると、検証セットの件数が2件になります。またassess_start = 2とすると、検証セットの起点となる時間が分析セットの最後の時間から2番目のデータになります。

以上に留意しながら、先ほどのsliding_window()関数によるデータ分割の結果を確認してみましょう。分析セット、検証セットに割り振られたデータをデータフレームとして参照するには、これまで通りanalysis()関数およびassessment()関数を使います。

```
# 最初の分析セットと検証セットの確認
analysis(ts_fold$splits[[1]])
```

出力

```
# A tibble: 12 × 3
   date       S4248SM144NCEN  year
   <date>              <dbl> <dbl>
 1 1992-01-01           3459  1992
 2 1992-02-01           3458  1992
 3 1992-03-01           4002  1992
 4 1992-04-01           4564  1992
 5 1992-05-01           4221  1992
 6 1992-06-01           4529  1992
 7 1992-07-01           4466  1992
 8 1992-08-01           4137  1992
 9 1992-09-01           4126  1992
10 1992-10-01           4259  1992
11 1992-11-01           4240  1992
12 1992-12-01           4936  1992
```

```
assessment(ts_fold$splits[[1]])
```

出力

```
# A tibble: 10 × 3
   date       S4248SM144NCEN  year
   <date>              <dbl> <dbl>
 1 1993-01-01           3031  1993
 2 1993-02-01           3261  1993
 3 1993-03-01           4160  1993
 4 1993-04-01           4377  1993
 5 1993-05-01           4307  1993
 6 1993-06-01           4696  1993
 7 1993-07-01           4458  1993
 8 1993-08-01           4457  1993
 9 1993-09-01           4364  1993
10 1993-10-01           4236  1993
```

```
# 2つ目の分析セットの確認
analysis(ts_fold$splits[[2]])
```

出力

```
# A tibble: 12 × 3
   date       S4248SM144NCEN  year
   <date>              <dbl> <dbl>
 1 1992-02-01           3458  1992
 2 1992-03-01           4002  1992
```

```
  3 1992-04-01          4564  1992
  4 1992-05-01          4221  1992
  5 1992-06-01          4529  1992
  6 1992-07-01          4466  1992
  7 1992-08-01          4137  1992
  8 1992-09-01          4126  1992
  9 1992-10-01          4259  1992
 10 1992-11-01          4240  1992
 11 1992-12-01          4936  1992
 12 1993-01-01          3031  1993
```

```
assessment(ts_fold$splits[[2]])
```

出力

```
# A tibble: 10 × 3
   date       S4248SM144NCEN  year
   <date>              <dbl> <dbl>
 1 1993-02-01           3261  1993
 2 1993-03-01           4160  1993
 3 1993-04-01           4377  1993
 4 1993-05-01           4307  1993
 5 1993-06-01           4696  1993
 6 1993-07-01           4458  1993
 7 1993-08-01           4457  1993
 8 1993-09-01           4364  1993
 9 1993-10-01           4236  1993
10 1993-11-01           4500  1993
```

drinksデータに対して`sliding_window(lookback = 11)`を使って分割したため、分析セットの件数は分割時の起点のデータを足して12となります。また`assess_start`引数と`assess_stop`引数の値をそれぞれ1、10としています。そのため分析セットと検証セットへの分割を行なうたびに、分析セットの最新の時点から、次の時点を検証セットの最も古い値とし、そこから時系列で古い順に10件分を抽出しています。

1-5 recipesパッケージによる前処理

モデルを作成する際、データ分割の次のプロセスはデータの**前処理**です。多くの場合、データをそのままモデルの入力に利用することは少なく、何かしらの処理を施して、適切な形に変換しておく必要があります。前処理を施す理由には、2つ考えられます。1つは、データに含まれる欠損を除いたり、数値のスケーリングを行なったりすることで、モデルの性能向上が期待されるためです。もう1つは、任意のモデルへの入力に特定のデータ形式が求められるためです。例えば文字データをモデルが自動認識しない場合は、文字を数値に符号化（エンコード）しなくてはなりません。このようなデータの変換とエンコードの作業は**特徴量エンジニアリング**とも呼ばれます。

スケーリングの具体的な例を挙げます。線形回帰モデルでは、目的変数の値が正規分布に従うことを前提とします[注1.5]。しかし、図1.8のAで確認できるようにamesデータの売却価格は裾の長い分布をしています。このようなデータに対して線形回帰モデルを適用する際に、単純な対数変換を行なうことで、分布の形を変形させ、問題の解消に役立つことがあります（図1.8B）。

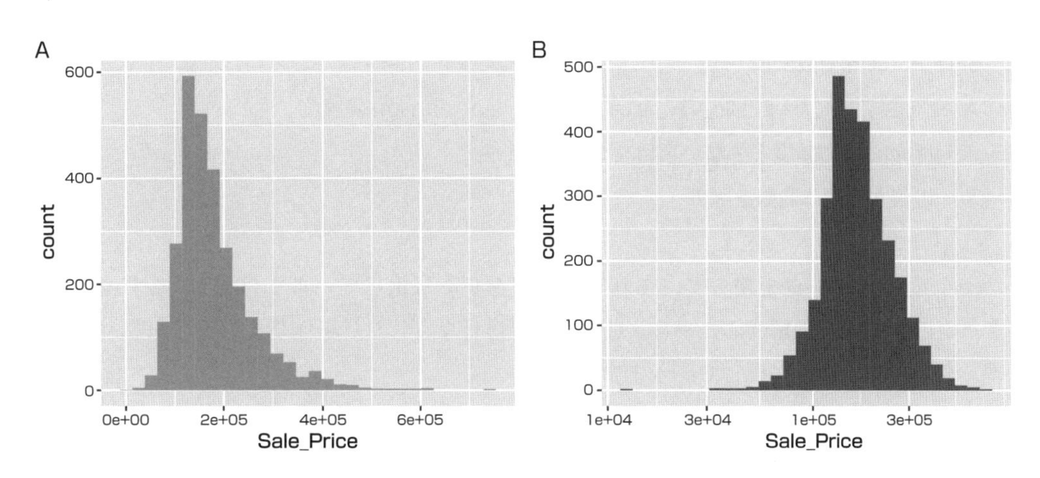

●図1.8　amesデータの売却価格のヒストグラム。Aは元の売却価格。Bは売却価格を対数変換した値を可視化したもの。Aでは高価格のデータの存在により、分布の裾が右に伸びているが、対数変換を施すことでBのように分布の歪みを軽減できる

対数変換によって、変数のスケールが大きいときはその範囲を縮小し、小さいときは拡大します。この操作によって裾の長い分布を左右対称な正規分布に近づけることができます。

 recipe()関数による前処理の手順化

tidymodelsでは、このようなデータの前処理と特徴量エンジニアリングの作業を**recipesパッケージ**が担当します。このパッケージの特徴は、特徴量エンジニアリングおよびデータの前処理プロセスをまとめて「レシピ化」できることです。処理内容を1つの**レシピ**にすることで、さまざまなデータに同じ処理手順を加える作業を簡略化できます。

注1.5　厳密には、回帰モデルの前提として4つの条件（独立性、等分散性、正規性、線形性）が求められます。

```
library(recipes)
```

recipesパッケージを使った前処理・特徴量エンジニアリングの手順化は、核となるいくつかの関数と、データへの処理を関数化した**step_*()**関数の組み合わせによって実現します[注1.6]。

- **recipe()関数**：モデルに利用する目的変数、説明変数などの関係を定義する（料理の材料を集める）
- **step_*()関数**：データ加工のための手続きを指定する（料理を作るためのレシピを書く）

amesデータに対して以下の処理を施す手順を考えてみましょう。

- Sale_Priceを対数変換
- Areaを表すLot_AreaとGr_Liv_AreaについてYeo-Johnson変換
- Neighborhoodの頻度の少ない項目をOtherに変換
- 単一の値からなる変数を除外

recipesパッケージを使って、これらの処理をレシピ化していきましょう。まずrecipesパッケージの全体像を理解するために、対数変換だけ行なうレシピを作りましょう。続いて、他の処理を含んだレシピを作成していきます。

レシピ作成の第一段階は、目的の料理を構成する材料を定義するように、recipe()関数にモデルで使われるデータおよび変数の関係を定義することです。

```
# レシピ(recipe)を表すオブジェクトであることがわかるようにrecをつける
ames_rec <-
  recipe(x = ames_train,
         formula = Sale_Price ~ .)
```

recipe()関数では、対象のデータをxまたはdata引数に与えて実行します。モデルの作成時に使用されるデータと紐づく必要があるため、通常ここで指定するデータは学習データです。レシピおよびモデルで利用可能な変数は、ここで与えられたデータの変数名やデータ型を参照します。

上記の例ではformula引数にモデル式を与えました。これは作成するモデルの変数間の関係を記述したモデル式と呼ばれるものです。Rのモデル式は左辺に目的変数をとり、右辺に説明変数を列挙する形式をとります。チルダ記号~は右辺と左辺を連結する役割を持ちます。複数の変数をモデル式の説明変数に含める場合は、プラス記号+を使って対象となる変数を列挙し

注1.6　step_*()関数の*部分は、文字列が入ることを意味します。さまざまなデータ加工がstep_*()関数で用意されています。

ます。ドット記号.は特殊な役割を持ち、データに含まれる変数のうち、目的変数以外の変数を説明変数として扱うように機能します。ドット記号を使うことで、モデル式中でデータすべての変数名を記述する必要がなくなります。モデル式の記述方法は2章でも解説していますので、そちらも参照してください。

```
class(ames_rec)
```

```
[1] "recipe"
```
出力

recipe()関数の返り値はrecipeクラスのオブジェクトです。このオブジェクトに必要な処理を行なう関数を追加していくことで、目的のレシピができあがります。まずは目的変数であるSale_Price変数に対数変換を施す処理を追加してみましょう。

```
ames_rec <-
  ames_rec %>%
  # 対数変換を行なうstep_*()関数
  # デフォルトでは自然対数が使われるので常用対数の底10をbase引数に指定する
  step_log(Sale_Price, base = 10)
```

対数変換を実行するstep_*()関数はstep_log()関数です。デフォルトでは自然対数が使われています。これを変更し、常用対数を指定するには引数baseを調整します。

上記の処理により簡単なレシピができあがりました。recipeオブジェクトを表示すると、レシピの内容を確認できます。

```
ames_rec
```

```
Recipe

Inputs:

      role #variables
   outcome          1
 predictor         73

Operations:

Log transformation on Sale_Price
```
出力

この結果は、73の説明変数（predictor）を用いた1つの目的変数（outcome）を予測するモデルを扱っていることを示しています。先ほどstep_log()関数により指定した対数変換がSale_Price変数に適用されることもデータへの処理内容から確認できました。

 prep()関数によるレシピに必要な変数の評価

できあがったレシピを任意のデータ（例えば評価データや検証セット）に適用するには2つの手順が必要になります。prep()関数とbake()関数の実行です。

prep()関数は学習データを使って各step_*()関数の実行に必要な変数名を特定します。このとき、recipes()関数内のモデル式で宣言されていない変数がstep_*()関数内で参照されると、エラーとなります。逆のことを言えば、prep()関数を実行するまではstep_*()関数の処理や関数内で指定した変数名については評価しません。

正常なコードと問題となるコードの例をそれぞれ見てみましょう。

```
# prep()関数が実行される正常なコード
# step_*()関数で対象となる変数はいずれもrecipe(formula = )で定義されている
ames_rec <-
  prep(ames_rec)
```

```
# 問題となるコード
# モデル式に含まれない変数名salepriceを step_*()関数に与えてレシピを作った場合でも
# recipeオブジェクトは生成されるが、prep()関数の実行時に変数名がないためにエラーとなる
bad_rec <-
  recipe(ames_train,
       formula = Sale_Price ~ .) %>%
  # データ上に含まれない変数名を指定
  step_log(saleprice, base = 10)

bad_rec
```

出力

```
Recipe

Inputs:

      role #variables
   outcome          1
 predictor         73

Operations:

Log transformation on saleprice
```

出力されたrecipeオブジェクトを見ると、対数変換を行なうstep_log()関数の中で誤って指定した変数名salepriceを適用していることがわかります。この状態でprep()関数を実行すると、レシピ中のstep_*()関数の実行に必要な変数がないことを理由に処理は停止します。

```
bad_rec %>%
  prep()
```

```
Error in `recipes_eval_select()`:
! Can't subset columns that don't exist.
✖ Column `saleprice` doesn't exist.
```

recipesパッケージは変数の指定を簡易化する関数（ヘルパ関数）を用意することで、このような変数名の不一致を防ぐ機能を備えています。これらの関数の詳細は後ほど行ないますが、ここでは目的変数の指定を省略するための**all_outcomes()関数**を用いて、目的変数への対数変換を行なう処理を実行してみましょう。

```
# step_*()関数内でall_outcomes()関数を用いて、変数名の入力を省略する
recipe(x = ames_train,
         formula = Sale_Price ~ .) %>%
  step_log(all_outcomes(), base = 10)
```

```
Recipe

Inputs:

      role #variables
   outcome          1
 predictor         73

Operations:

Log transformation on all_outcomes()
```

all_outcomes()関数のような関数を利用することで、元データで変数名が変わったとしても、処理対象が目的変数から説明変数になるなどの変更が行われない限り、レシピの適用が容易になります。

繰り返しになりますが、recipesパッケージでは作成したレシピの完成に必要な手順をprep()関数を通して実行します。step_*()関数で適用する前処理レシピはユーザの自由ですが、データ上に存在しない変数を対象に実行することはできません。prep()関数はレシピが正しく動作するかの検証を行なう重要な役割を担っています。

prep()関数にはいくつかの引数が存在しますが、重要なのはtraining引数です。この引数にレシピ中の変数の確認に使うデータを明示的に指定できます。デフォルト値にはNULLをとり、recipe()関数で指定した学習データを変数の確認に利用します。以下の処理結果を見れば、明示的な指定とデフォルト値が等しいことがわかります。

```
# 2つの実行結果は同じ
all.equal(
  # recipe(ames_train, ...) で作成したレシピ
  prep(ames_rec),
  # prep()関数上でames_trainを指定
  prep(ames_rec, training = ames_train))
```

```
[1] TRUE
```
出力

 bake()関数によるレシピの適用

prep()関数によって、レシピの操作対象となる変数名を確認したら、**bake()関数**でその他のデータに適用できる状態となります。モデル作成においては、前処理を手順化したレシピを、学習データと評価データに適用するという流れです。

bake()関数は引数new_dataにレシピを適用するデータを指定します。NULLを指定するとprep()関数のtraining引数で指定されたデータ（デフォルトではrecipe()関数で指定した学習データ）が対象となります。つまり、評価データにレシピを適用するにはnew_data引数に評価データを渡して実行する必要があるということです。

```
# 学習データに対するレシピの適用
ames_train_baked <-
  ames_rec %>%
  bake(new_data = NULL)

# 評価データに対するレシピの適用
ames_test_beked <-
  ames_rec %>%
  bake(new_data = ames_test)
```

bake()関数の返り値はデータフレーム形式（tibble）です。レシピを適用するデータに対して、レシピ内で対象となった変数が処理されてデータフレームを構成します。レシピの処理対象となっていない変数については変化しません。

対数変換のレシピの結果を確認するため、以下のコードを実行します。はじめに変換前の学

習データのSale_Priceの出力を確認し、続いてレシピによって加工された対数変換後のSale_Priceの値を確認します。

```
# 対象変換を適用する前の学習データ内のSale_Priceの値を確認
ames_train %>%
  pull(Sale_Price) %>%
  head()
```

```
[1] 232600 166000 170000 252000 134000 164700
```

```
# レシピを適用(対数変換を実施)した後の学習データ内のSale_Priceの値を確認
ames_train_baked %>%
  pull(Sale_Price) %>%
  head()
```

```
[1] 5.366610 5.220108 5.230449 5.401401 5.127105 5.216694
```

bake()関数の実行時に、一部の変数だけを参照することも可能です。step_*()関数と同様に、引数に任意の変数名を指定したり、all_outcomes()などのヘルパ関数を利用します。

```
# レシピの適用結果から目的変数とLot_Area変数のみを取り出す
ames_rec %>%
  bake(new_data = NULL, all_outcomes(), Lot_Area)
```

```
# A tibble: 2,197 × 2
   Sale_Price Lot_Area
        <dbl>    <int>
 1       5.37    11216
 2       5.22     2998
 3       5.23    17871
 4       5.40    10574
 5       5.13     6000
 6       5.22     4251
 7       5.29     8125
 8       5.07     8480
 9       4.97     7200
10       5.05    12735
# … with 2,187 more rows
```

4章で詳しく解説するように、tidymodelsのワークフローではレシピやモデルを管理するworkflowsパッケージを利用することで、レシピにprep()関数やbake()関数を適用する必要はなくなります。しかしそうしたワークフローを利用する前に、どのような前処理がデータに施されるかを知ることは重要です。

 skip引数による処理の省略

step_*()関数には共通する引数skipが存在します。bake()関数の実行において、学習データ以外のデータ、つまりbake(new_data =)で与えられるデータに対してstep_*()関数の処理を省略するときに用います。言い換えると、このオプションは学習データにのみ適用するレシピを作成するのに役立ちます。

なぜこのような機能が必要なのでしょうか。skip引数は多くのstep_*()関数でデフォルト値がFALSEですが、一部の関数ではデフォルト値がTRUEとなっています。step_*(skip = TRUE)がデフォルトで与えられる関数には、特定の列に欠損値がある行を削除するstep_naomit()関数や行の任意のフィルタリングを可能にするstep_filter()関数、本節の後半で紹介するthemisパッケージによる不均衡データの調整関数があります。これらの関数は、いずれもデータの件数に影響を及ぼします。データの件数が変わってしまうと、評価データに対しては好ましくない場合があります。

例えば、データ件数が減ることで目的変数の分布が学習データと変わってしまい、モデルの評価が正しく行えなくなるなどです。step_naomit(skip = FALSE)を指定して、学習データ・評価データに欠損値を含む行が削除されてしまうことを考えます。このとき、評価データにおいてもデータ件数の減少が生じる可能性があります。

簡単なデータを用意して、この状況を再現してみましょう。

```
# 欠損値を含むデータフレームを作成
df_na_contains <-
  tibble(
  x = c(NA, 332L, 294L, 25L, 334L, 250L, NA, 175L, NA, 131L),
  y = c(NA, 50L, NA, 66L, NA, 7L, 13L, 30L, 44L, 85L))

set.seed(123)
na_split <-
  initial_split(df_na_contains)
# 学習データは7件、評価データには3件のデータが含まれる
na_split
```

```
<Training/Testing/Total>
<7/3/10>
```
出力

```
# x列が欠損値となる行を除外するレシピを作成
na_rec <-
  recipe(y ~ x, data = training(na_split)) %>%
  # skip = FALSE を指定し、学習データ以外でもこの処理を実行させる
  step_naomit(x, skip = FALSE) %>%
  prep(training = training(na_split))

# 評価データにレシピを適用
# x列に欠損値を含む行は除外されるため、評価データの元の件数より少なくなる
na_rec %>%
  bake(new_data = testing(na_split))
```

出力
```
# A tibble: 2 × 2
      x     y
  <int> <int>
1    25    66
2   334    NA
```

```
na_rec_skip <-
  recipe(y ~ x, data = training(na_split)) %>%
  # skip = TRUE（初期値）を指定し、学習データ以外では欠損値を含む行を除外しない
  step_naomit(x, skip = TRUE) %>%
  prep(training = training(na_split))

# 評価データにレシピを適用
# 欠損値の除外処理は無視されるため評価データの件数は元のまま
na_rec_skip %>%
  bake(new_data = testing(na_split))
```

出力
```
# A tibble: 3 × 2
      x     y
  <int> <int>
1    25    66
2   334    NA
3    NA    13
```

　このようにstep_naomit()関数によってデータ件数が減少することがわかります。これを回避するには、欠損値の行の削除はモデルの学習時にとどめることです。この場合、前処理を施した評価データには欠損値が含まれることになりますが、意図しない箇所でのデータ件数の減少を防ぐことが可能です。

　一方で変数に何らかの処理を与えて値を変えるようなstep_*()関数のskip引数の初期値はFALSEであり、学習データ・評価データともに同じ処理が適用されます。ここで不注意にskip =

TRUEを指定すると問題になることがあります。具体的には、skip = TRUEをした変数が後で使用される場合です。次の実行結果を見て、skip = TRUEの挙動をあらためて確認しましょう。

```
# skip = TRUEが問題となる場合
car_recipe <-
  recipe(mpg ~ ., data = mtcars) %>%
  # 対数変換を学習データに対してのみ行なう
  step_log(disp, skip = TRUE) %>%
  # skipしたあとに同じ変数に処理を加える
  step_center(disp) %>%
  prep(training = mtcars)
```

例として複数のstep_*()関数を適用するレシピを以下に示します。最初のstep_log()関数は対数変換を施すものですが、ここでskip = TRUEを指定しておきます。続いて平均0を得るための中心化をstep_center()関数で実行します。

レシピができたらデータに適用しましょう。まずはレシピ作成時に学習データとして与えたデータをbake(new_data = NULL)で指定します。この場合、skip = TRUEを指定した処理（対数変換）と中心化が適用されていることがわかります。

```
# 学習データにのみすべてのstep_*()関数が適用される
bake(car_recipe, new_data = NULL) %>%
  pull(disp) %>%
  summary()
```

```
   Min. 1st Qu.  Median    Mean 3rd Qu.    Max.
-1.0207 -0.4905 -0.0160  0.0000  0.5012  0.8721
```
出力

対して、skip = TRUEを含んだレシピを学習データ以外（すなわち評価データ）に適用した場合、対数変換は行われません。さらに気をつけなければいけない点は、skip = TRUEを実行した後の中心化が正しく動作していないことです。

```
# 学習データ以外をbake(new_data = )に与えた場合、step_*(skip = TRUE)の処理は無視される
bake(car_recipe, new_data = mtcars) %>%
  pull(disp) %>%
  summary()
```

```
   Min. 1st Qu.  Median    Mean 3rd Qu.    Max.
  65.82  115.54  191.02  225.44  320.72  466.72
```
出力

recipesパッケージのstep_*()関数におけるskip引数は、その働きに合わせて適切なTRUE、

FALSEの指定があらかじめ設定されています。それでもskip引数のデフォルトの値を変更する場合は、その影響に注意して実行してください。

連続するstep_*()関数のレシピ化

複数のstep_*()関数を適用するレシピを作るには、recipeオブジェクトに任意のstep_*()関数を追加するだけです。つまり以下のようなコードでレシピを作っていくことになります。

```
# ここでのstep_*()関数名はrecipesで使われているものではないので注意
rec <-
  recipes(y ~ x, data = df)

rec <-
  rec %>%
  step_first(y)

rec <-
  rec %>%
  step_second(x)
```

このコードの書き方では、step_*()関数を利用するたびにオブジェクトに代入を行なう点で冗長です。うっかり、あるstep_*()関数を実行し忘れてしまうおそれもあります。そこで**パイプ演算子**(%>%)を使い、step_*()関数を数珠つなぎに加えていくように記述すると便利です。パイプ演算子を使うと、上記のコードは以下のように書き換えられます。

```
# recipesパッケージのstep_*()関数はパイプ演算子(%>%)を使って数珠つなぎに記述できる
rec <-
  recipes(y ~ x, data = df) %>%
  step_first(y) %>%
  step_second(x)
```

パイプ演算子はtidymodelsパッケージを読み込んだ時点で利用できます。ここであらためてamesデータに適用したい処理を整理し、パイプ演算子を使ってレシピを完成させましょう。今回は対数変換の他には以下の処理を検討しています。

- Areaを表すLot_AreaとGr_Liv_AreaについてYeo-Johnson変換
- Neighborhoodの頻度の少ない項目を"Other"へ変換
- 単一の値からなる変数を除外

まずは`Lot_Area`と`Gr_Liv_Area`のYeo-Johnson変換（Yeo-Johnson Power Transformations）を追加します。Yeo-Johnson変換については詳細に踏み込みませんが、対数変換でデータの分布を変化させたように変数の値を変更できる方法です。対数変換では入力値が0以下の場合に効果がありませんが、入力値が0あるいは負値でも変換できるように一般化されています[注1.7]。recipesパッケージでは`step_YeoJohnson()`関数が提供されています。

2つ目の処理は、カテゴリ変数に対して有効な方法です。図1.9を見ると、amesデータに含まれる`Neighborhood`変数のカテゴリのうち、`North_Ames`が他のカテゴリよりも頻出していることがわかります。全体のカテゴリ数は29ありますが、ここで1割未満（件数が220未満）の頻度のカテゴリについては、ひとまとめに`"other"`に変換しておきましょう。これによって、`North_Ames`と`other`という単純な2つのカテゴリ変数を扱えるようになります。こうした処理を行なうことで、小さいカテゴリへの過学習を防ぐのに役立ちます。上記の処理をrecipesパッケージで行なうには`step_other()`関数を利用します。この関数では`other`に変換する頻度の閾値は引数`threshold`で指定します。

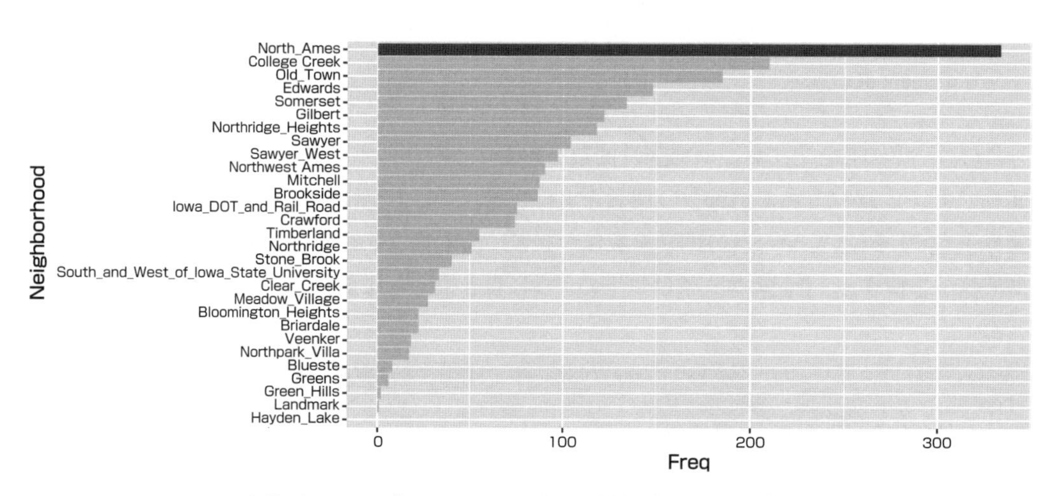

図1.9　amesデータのNeighborhood変数に含まれるカテゴリの頻度

単一の値からなる変数はモデルに組み込んでも予測値に影響を与えないため不要です。そのため、単一の値だけを持つ変数を、モデルに使う変数から除外する処理を加えます。この処理は`step_zv()`関数で実行できます。この関数は複数の値を含む変数に対しては何の影響も及ぼしません。

ここまで説明してきた4つの処理をまとめ、レシピを完成させるには以下のコードを実行します。

注1.7　同様の処理にBox-cox変換（recipesパッケージでは`step_BoxCox()`関数が実装）があります。Box-cox変換ではすべての入力値が正の値をとる必要があるため、負の値を含むデータを扱うときには正の値となるように"下駄"を履かせることがあります。Yeo-Johnson変換はBox-cox変換を一般化したものですが、変換後の値の解釈については困難になります。

```
ames_rec <-
  recipe(x = ames_train,
         formula = Sale_Price ~ .) %>%
  step_log(Sale_Price, base = 10) %>%
  step_YeoJohnson(Lot_Area, Gr_Liv_Area) %>%
  step_other(Neighborhood, threshold = 0.1)  %>%
  step_zv(all_predictors())
```

パイプ演算子を使って複数のstep_*()関数をレシピに採用できました。step_zv()関数の実行時に**all_predictors()関数**が呼ばれている点に注目してください。この関数は、モデルに含まれるすべての説明変数を指定するために使うヘルパ関数の1つです。step_zv()関数のように複数の列を対象とする関数を使う場合、変数名を列挙する手間を省略するのに便利な関数です。

all_predictors()関数の他にもrecipesパッケージでは複数の変数の指定が利用できます。こうした柔軟な変数の指定方法を覚えておくとrecipesパッケージでの前処理レシピの作成に役立ちます。これについては少し後に説明します。

ひとまずは完成したレシピを出力してみましょう。

```
ames_rec
```

出力

```
Recipe

Inputs:

      role #variables
   outcome          1
 predictor         73

Operations:

Log transformation on Sale_Price
Yeo-Johnson transformation on Lot_Area, Gr_Liv_Area
Collapsing factor levels for Neighborhood
Zero variance filter on all_predictors()
```

step_*()関数で指定した内容、各処理に対してはstep_*()関数内で記述した変数が対象となっていることがわかります。

表1.2にstep_*()関数の一部を整理しました。ここで紹介したstep_*()関数はごくわずかです。recipesパッケージには前処理や特徴量エンジニアリングに役立つ数多くの関数が提供されています[注1.8]。

注1.8 本書の執筆に用いたrecipesパッケージ（バージョン1.0.3）では97個のstep_*()関数が利用可能です。

●表1.2　recipesパッケージが提供する主なstep_*()関数

関数名	処理内容
step_center()	変数の数値の平均が0となるような中心化
step_scale()	変数の分散が1となるようにスケーリング
step_normalize()	変数の値が平均0、分散1となるように標準化
step_dummy()	カテゴリカルデータをダミーデータに変換。オプションでワンホットエンコーディングの指定も可能
step_ordinalscore()	順序のあるカテゴリデータを数値に変換
step_poly()	多項式特徴量の生成
step_naomit()	欠損値を含む行の削除
step_mutate()	dplyr::mutate()関数を使った新しい変数の作成
step_lag()	ラグ特徴量の生成
step_date()	日付に関する要素（年月日）を特徴量に分解
step_holiday()	日付の変数に対して、カレンダー上の祝日か否かの特徴量を生成
step_string2factor()	文字列型から因子型に変換
step_log()	対数変換
step_logit()	ロジット変換
step_BoxCox()	BoxCox変換
step_YeoJohnson()	Yeo-Johnson変換
step_other()	頻度の少ない項目を特定の文字列に変換
step_rm()	特定の変数を除外
step_corr()	相関係数の高い列のいずれかを除外。引数thresholdによって対象となる相関係数の閾値を設定
step_zv()	単一の値からなる（分散が0となる）変数を除外
step_pca()	主成分分析による主成分の抽出
step_impute_mean()	平均値を用いた欠損補完
step_impute_knn()	k近傍法による欠損補完

ここまでrecipesパッケージが扱う豊富な前処理の関数、step_*()関数の一部を紹介しましたが、recipesパッケージに実装されていない処理を独自に拡張することも可能です。この機能を利用して、独自のstep_*()関数を提供するパッケージも存在します。例えばテキストデータの特徴量エンジニアリングのためのtextrecipesパッケージ、不均衡なデータの偏りを調整するthemisパッケージ、カテゴリ変数の次元削減に役立つembedパッケージなどです。本章ではthemisパッケージについて後述し、5章では自然言語処理の例とともにtextrecipesパッケージについて解説しています。

 step_*()関数内の変数の柔軟な指定とヘルパ関数

step_*()関数は処理の対象となる変数を引数の中で指定します。この変数の指定方法は、変数の名前、与えられたrole（後述します）、データ型、またはこれらの組み合わせを記述します。例えば次のようなコードは**ヘルパ関数**を使った処理に書き換えられます。

```
set.seed(123)
df <- data.frame(
  y = rnorm(10, mean = 100),
  x1 = rnorm(10, mean = 5),
  x2 = rnorm(10, mean = 3),
  x3 = letters[1:10])
```

```
# step_*()関数に対象の変数名を直接指定する方法
recipe(y ~ ., data = df) %>%
  step_first(y) %>%
  step_second(x1, x2) |>
  step_third(x3) |>
  step_fourth(x1, x2, x3)

# 変数の指定にヘルパ関数を使う方法
recipe(y ~ ., data = df) %>%
  step_first(all_predictors()) %>%
  step_second(all_numeric_predictors()) |>
  step_third(all_nominal_predictors()) |>
  step_fourth(num_range("x", 1:3))
```

dplyrパッケージに馴染みのある方であれば、`num_range()`関数などのヘルパ関数も`step_*()`関数内で利用できるでしょう。こうした`step_*()`関数内で利用できるヘルパ関数の一覧を表1.3に整理します[注1.9]。

●表1.3 step_*()関数内で利用可能なヘルパ関数の一覧

関数名	指定方法	指定範囲
has_role()	文字列でroleを記載	role
all_predictors()	なし	モデル式の説明変数
all_outcomes()	なし	モデル式の目的変数
has_type()	文字列でデータ型を記載	データ型
all_numeric()	なし	数値型の変数
all_nominal()	なし	文字列、因子型の変数
all_numeric_predictors()	なし	すべての数値型の説明変数
all_nominal_predictors()	なし	すべての文字列、因子型の説明変数
starts_with()	文字列を記載	記載された文字列で始まる変数
ends_with()	文字列を記載	記載された文字列で終わる変数
contains()	文字列を記載	記載された文字列を含む変数
matches()	文字列を記載	正規表現によるマッチする変数
num_range()	文字列と数値の範囲	記載された文字列で始まり、範囲内の数値を含む変数（例. x1, x2）

注1.9 `tidyselect::one_of()`関数も利用可能ですが、この関数の代わりに`tidyselect::all_of()`関数ないし`tidyselect::any_of()`関数の利用を推奨します。

(表1.3の続き)

関数名	指定方法	指定範囲
everything()	なし	すべての変数
all_of()	変数名を列挙	与えられた変数名とすべて一致する変数の組み合わせ。一致しない変数が含まれる場合にはエラー
any_of()	変数名を列挙	与えられた変数名と一致する変数。一致しない変数については無視する

ヘルパ関数は複数の変数名を指定する際に便利ですが、さらに柔軟に特定の変数を処理から外したい際にも利用できます。対象の変数名やヘルパ関数の前に-や!を記述することで、明示的に除外します[注1.10]。

```
recipe(y ~ ., data = df) %>%
  # 中心化の処理は数値型の変数でないと実行できないため、
  # 数値ではないx3を除外させる
  step_center(all_predictors(), -has_type("nominal")) %>%
  prep(training = df) %>%
  bake(new_data = NULL)
```

```
# A tibble: 10 × 4                                                    出力
       x1     x2 x3        y
    <dbl>  <dbl> <fct> <dbl>
 1  1.02   -0.643 a      99.4
 2  0.151   0.207 b      99.8
 3  0.192  -0.601 c     102.
 4 -0.0979 -0.304 d     100.
 5 -0.764  -0.200 e     100.
 6  1.58   -1.26  f     102.
 7  0.289   1.26  g     100.
 8 -2.18    0.578 h      98.7
 9  0.493  -0.714 i      99.3
10 -0.681   1.68  j      99.6
```

recipesにおけるroleの役割

完成したrecipeオブジェクトに対して以下のようにsummary()関数を適用してみます。variableやtype、role、sourceといった各変数の名前がデータフレーム形式で確認できます。type列の値はデータの型を示します。nominal（名義、文字列）、numeric（数値）などが確認できます。role列は変数がoutcome（目的変数）かpredictor（説明変数）かを示しています。

注1.10　dplyrパッケージのselect()関数内における変数の指定では、特定の変数を除外する場合は！を使うことで統一されています。

```
summary(ames_rec)
```

```
# A tibble: 74 × 4                                           出力
   variable     type    role      source
   <chr>        <chr>   <chr>     <chr>
 1 MS_SubClass  nominal predictor original
 2 MS_Zoning    nominal predictor original
 3 Lot_Frontage numeric predictor original
 4 Lot_Area     numeric predictor original
 5 Street       nominal predictor original
 6 Alley        nominal predictor original
 7 Lot_Shape    nominal predictor original
 8 Land_Contour nominal predictor original
 9 Utilities    nominal predictor original
10 Lot_Config   nominal predictor original
# … with 64 more rows
```

recipesパッケージにおける**role**の役割について補足します。roleは先述の通り、モデルに使われる変数の役割、すなわち目的変数か説明変数かを決めるものでした。一方でモデル式を作る際には、目的変数・説明変数のいずれにも該当しない変数、例えばデータを識別するためのidを記録した列などを扱うことがしばしばあります。また、一度適用したモデルの中から特定の変数を取り除いた効果を調査することもあります。モデルで処理される目的変数、説明変数とそれ以外のroleを区分することで、roleに応じた処理が可能になります。

roleの説明のために、idを持つデータのroleを変更する例を見てみましょう。biomassデータには、特定のサンプルタイプに関する情報を持つ`sample`列や学習データと評価データを識別するための`dataset`列が含まれます。この変数はモデルの中で目的変数や説明変数ではないため、レシピの中で区分します。

```
# biomassデータでは学習データ、評価データを1つのデータにまとめてある
# 変数datasetをもとに学習データと評価データに区別される
data(biomass, package = "modeldata")
biomass_train <- biomass %>%
  filter(dataset == "Training")
biomass_test <- biomass %>%
  filter(dataset == "Testing")
```

`recipe()`関数により、モデル式を記述した段階で、変数に対するroleは割り当てられています。roleを変更するには**`update_role()`関数**を使います。この関数は対象となる変数を指定するとともに、`new_role`引数に新しいroleの名称を文字列で渡して実行します。

```
rec <-
  recipe(HHV ~ ., data = biomass_train) %>%
  update_role(sample, new_role = "id variable") %>%
  update_role(dataset, new_role = "dataset") %>%
  step_center(all_predictors())

# 変更後のroleを確認する
summary(rec) %>%
  filter(variable %in% c("sample", "dataset"))
```

```
# A tibble: 2 × 4                                                        出力
  variable type    role        source
  <chr>    <chr>   <chr>       <chr>
1 sample   nominal id variable original
2 dataset  nominal dataset     original
```

roleが変更されたsample列、dataset列は、先ほどupdate_role(new_role =)の中で指定した"id variable"、"dataset"というroleが与えられます。これによって、これらの変数はレシピの中で目的変数でも説明変数でもない扱いとなります。続く処理でstep_center()関数を使った中心化によって（平均値を引くことで）平均値を0にする処理が実行されますが、その際、対象となる変数の指定にall_predictors()関数を使っています。中心化は数値の変数のみが対象なので、roleを変更しなければ、この処理は失敗します。変数にroleを適切に指定することにより、処理が正常に実行されます。

```
prep(rec, biomass_train) %>%
  bake(new_data = NULL)
```

```
# A tibble: 456 × 8                                                       出力
   sample              dataset carbon hydro…¹ oxygen nitro…²  sulfur   HHV
   <fct>               <fct>    <dbl>   <dbl>  <dbl>   <dbl>   <dbl> <dbl>
 1 Akhrot Shell        Traini…  1.46   0.181    4.42  -0.665  -0.217   20.0
 2 Alabama Oak Wood…   Traini…  1.15   0.241    2.78  -0.875  -0.217   19.2
 3 Alder               Traini… -0.534  0.341    7.73  -0.965  -0.197   18.3
 4 Alfalfa             Traini… -3.25  -0.489   -2.92   2.23   -0.0567  18.2
 5 Alfalfa Seed Str…   Traini… -1.59  -0.0591   2.20  -0.0746 -0.197   18.4
 6 Alfalfa Stalks      Traini… -2.95   0.291    1.68   0.965  -0.117   18.5
 7 Alfalfa Stems       Traini… -1.18   0.531   -0.335  1.61   -0.0167  18.7
 8 Alfalfa Straw       Traini… -2.65   0.241    1.18   0.625  -0.0167  18.3
 9 Almond              Traini…  0.446  0.0409   2.38  -0.275  -0.217   18.6
10 Almond Hull         Traini… -1.25   0.441    1.48   0.125  -0.117   18.9
# … with 446 more rows, and abbreviated variable names ¹hydrogen,
#   ²nitrogen
```

```
# 文字列の説明変数に対して中心化を行なおうとするためにエラーとなる例
rec <-
  recipe(HHV ~ ., data = biomass_train) %>%
  step_center(all_predictors())

prep(rec, biomass_train) %>%
  bake(new_data = NULL)
```

出力

```
Error in `check_type()`:
! All columns selected for the step should be numeric
```

以下に示す2つの方法により、roleを変更せずに上記の処理を問題なく実行することも可能です。本章で紹介したように、recipesパッケージでは柔軟に前処理を施す変数を指定できます。ここで紹介する`all_numeric_predictors()`関数のように、数値型の説明変数を対象とする関数を利用することでも解決できます。前述したような`recipe()`関数の実行時に変数を制限する策は有効ですが、どの変数がモデルに対して重要な影響があるか把握できていない状態ではおすすめできません。

```
# roleを使わずに上記のエラーを回避する例
# 1. step_*()関数での処理対象の指定に適切な変数を指定する
recipe(HHV ~ ., data = biomass_train) %>%
  step_center(all_numeric_predictors()) %>%
  prep() %>%
  bake(new_data = NULL)
# 2. あらかじめモデルに使わない変数をモデル式に含めない
recipe(HHV ~ carbon + hydrogen + oxygen + nitrogen + sulfur, data = biomass_train) %>%
  step_center(all_predictors()) %>%
  prep() %>%
  bake(new_data = NULL)
```

 カテゴリデータの前処理：エンコーディング

前述してきたamesデータの前処理では、主に数値データの処理を扱ってきました。モデルの作成においては、数値データの他に**カテゴリデータ**を扱うことがしばしばあり、実際にamesデータの74の変数のうち、半数以上の40変数がカテゴリデータです。多くの機械学習モデルはカテゴリデータを直接扱うことはできず、前処理によって数値化することになります。ここではカテゴリデータを対象とした前処理について紹介します。

カテゴリデータを扱う場合、カテゴリに順序があるかどうかを考慮して前処理を施します。例えば果物の名称を記録した変数名には、リンゴ、ブドウ、モモといった値が含まれます。この果物名には順序や大小関係はありません。順序のないカテゴリデータの場合、項目間の関係は

平等です。一方、ある病気の症状についての重症度を示す変数が、軽症、中症、重症のように分類されていれば、それぞれの項目の並びには意味があります。順序のあるカテゴリデータについては、項目の関係を考慮した前処理が必要です。

```
# amesデータの中のカテゴリ変数
# 40の変数がカテゴリデータとして扱われる
ames %>%
  select(tidyselect::where(is.factor)) %>%
  glimpse()
```

出力

```
Rows: 2,930
Columns: 40
$ MS_SubClass    <fct> One_Story_1946_and_Newer_All_Styles, One_Story_…
$ MS_Zoning      <fct> Residential_Low_Density, Residential_High_Densi…
$ Street         <fct> Pave, Pave, Pave, Pave, Pave, Pave, Pave, Pave,…
$ Alley          <fct> No_Alley_Access, No_Alley_Access, No_Alley_Acce…
$ Lot_Shape      <fct> Slightly_Irregular, Regular, Slightly_Irregular…
$ Land_Contour   <fct> Lvl, Lvl, Lvl, Lvl, Lvl, Lvl, Lvl, HLS, Lvl, Lv…
$ Utilities      <fct> AllPub, AllPub, AllPub, AllPub, AllPub, AllPub,…
$ Lot_Config     <fct> Corner, Inside, Corner, Corner, Inside, Inside,…
$ Land_Slope     <fct> Gtl, Gtl, Gtl, Gtl, Gtl, Gtl, Gtl, Gtl, Gtl, Gt…
$ Neighborhood   <fct> North_Ames, North_Ames, North_Ames, North_Ames,…
$ Condition_1    <fct> Norm, Feedr, Norm, Norm, Norm, Norm, Norm, Norm…
$ Condition_2    <fct> Norm, Norm, Norm, Norm, Norm, Norm, Norm, Norm,…
$ Bldg_Type      <fct> OneFam, OneFam, OneFam, OneFam, OneFam, OneFam,…
$ House_Style    <fct> One_Story, One_Story, One_Story, One_Story, Two…
$ Overall_Cond   <fct> Average, Above_Average, Above_Average, Average,…
$ Roof_Style     <fct> Hip, Gable, Hip, Hip, Gable, Gable, Gable, Gabl…
$ Roof_Matl      <fct> CompShg, CompShg, CompShg, CompShg, CompShg, Co…
$ Exterior_1st   <fct> BrkFace, VinylSd, Wd Sdng, BrkFace, VinylSd, Vi…
$ Exterior_2nd   <fct> Plywood, VinylSd, Wd Sdng, BrkFace, VinylSd, Vi…
$ Mas_Vnr_Type   <fct> Stone, None, BrkFace, None, None, BrkFace, None…
$ Exter_Cond     <fct> Typical, Typical, Typical, Typical, Typical, Ty…
$ Foundation     <fct> CBlock, CBlock, CBlock, CBlock, PConc, PConc, P…
$ Bsmt_Cond      <fct> Good, Typical, Typical, Typical, Typical, Typic…
$ Bsmt_Exposure  <fct> Gd, No, No, No, No, No, Mn, No, No, No, No, No,…
$ BsmtFin_Type_1 <fct> BLQ, Rec, ALQ, ALQ, GLQ, GLQ, GLQ, ALQ, GLQ, Un…
$ BsmtFin_Type_2 <fct> Unf, LwQ, Unf, Unf, Unf, Unf, Unf, Unf, Unf, Un…
$ Heating        <fct> GasA, GasA, GasA, GasA, GasA, GasA, GasA, GasA,…
$ Heating_QC     <fct> Fair, Typical, Typical, Excellent, Good, Excell…
$ Central_Air    <fct> Y, Y, Y, Y, Y, Y, Y, Y, Y, Y, Y, Y, Y, Y, Y, Y,…
$ Electrical     <fct> SBrkr, SBrkr, SBrkr, SBrkr, SBrkr, SBrkr, SBrkr…
$ Functional     <fct> Typ, Typ, Typ, Typ, Typ, Typ, Typ, Typ, Typ, Ty…
$ Garage_Type    <fct> Attchd, Attchd, Attchd, Attchd, Attchd, Attchd,…
$ Garage_Finish  <fct> Fin, Unf, Unf, Fin, Fin, Fin, Fin, RFn, RFn, Fi…
```

```
$ Garage_Cond    <fct> Typical, Typical, Typical, Typical, Typical, Ty…
$ Paved_Drive    <fct> Partial_Pavement, Paved, Paved, Paved, Paved, P…
$ Pool_QC        <fct> No_Pool, No_Pool, No_Pool, No_Pool, No_Pool, No…
$ Fence          <fct> No_Fence, Minimum_Privacy, No_Fence, No_Fence, …
$ Misc_Feature   <fct> None, None, Gar2, None, None, None, None, None,…
$ Sale_Type      <fct> WD , WD , WD , WD , WD , WD , WD , WD , WD , WD…
$ Sale_Condition <fct> Normal, Normal, Normal, Normal, Normal, Normal,…
```

ここではカテゴリデータを数値に変換する前処理として一般的な**エンコーディング**の代表的な手法を紹介します。

まずはカテゴリデータの前処理として最も一般的なダミー変数化です。**ダミー変数化**はカテゴリ変数に含まれる値（項目）を列として独立して扱い、該当の項目が含まれる列に対して1、それ以外の列に0を与える処理です。ダミー化の基準となる項目が存在するため、ダミー変数化後の列数は項目の数から1を引いた数と一致します。これまでのSale_Priceを予測するモデルではカテゴリ変数を説明変数に加えていなかったため、カテゴリ変数Bldg_Typeを含んだモデル式を考えます。この変数には次の通り5つの項目が含まれています。

```
# Bldg_Typeに含まれる項目の確認
levels(ames$Bldg_Type)
```

```
[1] "OneFam"    "TwoFmCon" "Duplex"    "Twnhs"     "TwnhsE"
```
出力

モデル式は以下のようになります。

```
# カテゴリ変数を含むモデル式を作成する
ames_cat_rec <-
  ames_train %>%
  recipe(Sale_Price ~ Gr_Liv_Area + Year_Built + Bldg_Type)
```

ダミー変数化は**step_dummy()関数**で指定します。レシピを出力し、ダミー変数化の処理が行われることを確認します。

```
# Bldg_Typeのダミー変数化を指定
ames_dummy_rec <-
  ames_cat_rec %>%
  step_dummy(Bldg_Type)

ames_dummy_rec
```

```
Recipe

Inputs:

      role #variables
   outcome          1
 predictor          3

Operations:

Dummy variables from Bldg_Type
```

これまで通り学習データへのレシピ適用を行ない、ダミー変数化の内容を見てみます。ここではダミー変数化をした後のデータの出力を見やすさを優先するため、glimpse()関数で各列の値を行方向で表示しています。

```
# 学習データへのレシピの適用
ames_cat_rec %>%
  prep() %>%
  bake(new_data = NULL) %>%
  # 見やすさのためにデータの表示方法を変更
  glimpse()
```

```
Rows: 2,197
Columns: 7
$ Gr_Liv_Area        <int> 1489, 1524, 1680, 1953, 1132, 1250, 1679, 1…
$ Year_Built         <int> 2006, 2000, 1995, 2005, 1939, 2006, 1994, 1…
$ Sale_Price         <int> 232600, 166000, 170000, 252000, 134000, 164…
$ Bldg_Type_TwoFmCon <dbl> 0, 0, 0, 0, 0, 0, 0, 0, 0, 0, 0, 0, 0, 0, 0…
$ Bldg_Type_Duplex   <dbl> 0, 0, 0, 0, 0, 0, 0, 0, 0, 0, 0, 0, 0, 0, 0…
$ Bldg_Type_Twnhs    <dbl> 0, 0, 0, 0, 0, 0, 0, 0, 0, 0, 0, 0, 0, 0, 0…
$ Bldg_Type_TwnhsE   <dbl> 0, 1, 0, 0, 0, 1, 0, 0, 0, 0, 0, 0, 0, 0, 0…
```

列名に注目してください。ダミー変数化の対象となったBldg_Type列はなく、Bldg_Typeとその項目名からなる列が存在します。1つの項目（OneFam）が存在しませんが、これはこの項目がダミー変数化の基準として扱われたためです。つまり、Bldg_Typeではじまる4列の値がすべて0の行はBldg_TypeがOneFamであることを示します。

ダミー変数化と類似のエンコーディング方法に**ワンホットエンコーディング（One-hot Encoding）**があります。これは先ほどのダミー変数化の基準となる項目を独立した列としてエンコーディングするものです。つまりエンコーディング後の対象のカテゴリ変数を表す列数は、対象カテゴリ変数の項目数と一致します。ワンホットエンコーディングの指定は先ほどと同じくstep_dummy()関数で行ないます。この関数のone_hot引数にTRUEを与えることでカテゴリ変数のエンコーディングはワンホットエンコーディングを指定することになります。

```
ames_cat_rec %>%
  # one_hot = TRUE によりワンホットエンコーディングを指定する
  step_dummy(Bldg_Type, one_hot = TRUE) %>%
  prep() %>%
  bake(new_data = NULL) %>%
  # 見やすさのためにデータの表示方法を変更
  glimpse()
```

出力

```
Rows: 2,197
Columns: 8
$ Gr_Liv_Area        <int> 1489, 1524, 1680, 1953, 1132, 1250, 1679, 1…
$ Year_Built         <int> 2006, 2000, 1995, 2005, 1939, 2006, 1994, 1…
$ Sale_Price         <int> 232600, 166000, 170000, 252000, 134000, 164…
$ Bldg_Type_OneFam   <dbl> 1, 0, 1, 1, 1, 0, 1, 1, 1, 1, 1, 1, 1, 1, 1…
$ Bldg_Type_TwoFmCon <dbl> 0, 0, 0, 0, 0, 0, 0, 0, 0, 0, 0, 0, 0, 0, 0…
$ Bldg_Type_Duplex   <dbl> 0, 0, 0, 0, 0, 0, 0, 0, 0, 0, 0, 0, 0, 0, 0…
$ Bldg_Type_Twnhs    <dbl> 0, 0, 0, 0, 0, 0, 0, 0, 0, 0, 0, 0, 0, 0, 0…
$ Bldg_Type_TwnhsE   <dbl> 0, 1, 0, 0, 0, 1, 0, 0, 0, 0, 0, 0, 0, 0, 0…
```

ワンホットエンコーディングの実行結果を見ると、Bldg_Typeの値がOneFamを表す列Bldg_Type_OneFamが含まれます。その他の列はダミー変数化したものと同じです。ダミー変数を生成するエンコーディングは、項目の数が少ないときには効果的ですが、ユーザIDやURLなどの項目の数が膨大な場合や、評価データにのみ含まれる項目が存在する場合は、うまく機能しません。これを回避する方法の1つに、ハッシュ関数を用いて、カテゴリを新しいより小さなダミー変数の集合にマッピングする特徴量ハッシングがあります。また、深層学習の一手法Entity Embeddingsも候補の1つに挙がります。tidymodelsのフレームワークでは、特徴量ハッシングにtextrecipesパッケージ、Entity Embeddingsを行なうembedパッケージが存在します。詳細はこれらのパッケージのドキュメントを参照してください。

themisパッケージを使った不均衡データへの対応

カテゴリデータを扱うと、1つまたは複数のクラスが他のクラスと比較して割合が著しく低くなることがあります。こうしたデータの偏り、不均衡はモデルの性能に大きく影響することが知られています。

不均衡データへの根本的な対処法は、データの収集時に不均衡がない状態を目指すことですが、そのような調整はほぼ不可能です。多くの場合、すでに得られたデータをモデルに学習させる際に、不均衡を調整する方法をとります。このように、事後的に不均衡データに対応するには、ダウンサンプリング（Down-sampling）またはアップサンプリング（Up-sampling）と呼ばれる2つの方法[注1.11]を利用することが一般的です。いずれの手法もクラス間の不均衡を改善するためにデータ件数を調整します。

tidymodelsではrecipesパッケージを拡張した**themisパッケージ**を使用して不均衡データに対応します。上記のダウンサンプリングおよびアップサンプリングは、themisパッケージのstep_*()関数で実装されています。つまり、これまでのrecipesパッケージによる前処理と組み合わせて利用できます。

まずは、themisパッケージを呼び出しましょう。また、不均衡データの例に計算機の処理速度を評価したhpc_dataデータ[注1.12]を利用します。このデータはクラス間（class）のデータ件数に大きな差があります。

```
library(themis)
```

```
# 計算機の実行速度を評価したデータ
data(hpc_data, package = "modeldata")

# 不要な列を除いておく
hpc_data_mod <-
  hpc_data %>%
  select(!c(protocol, day))

# 処理速度を評価したクラスの件数を確認
count(hpc_data_mod, class)
```

出力
```
# A tibble: 4 × 2
  class     n
  <fct> <int>
1 VF     2211
2 F      1347
3 M       514
4 L       259
```

hpc_dataデータのclass変数の値とその基準は次の通りです。

- VF：とても速い（1分以下）
- F：速い（1～50分）

注1.11　ダウンサンプリングのことをアンダーサンプリング、アップサンプリングをオーバーサンプリングと呼ぶこともあります。
注1.12　データの出典は以下です。Kuhn, M., Johnson, K. "Applied Predictive Modeling", Springer, 2013.

- M：中程度（5～30分）
- L：遅い（30分以上）

class変数の各水準に含まれるデータ件数を確認すると、VFが半数を占め、Lについては全体の6%程度しかないことがわかります。

ダウンサンプリングでは、少数派となるクラスを残し、少数派と同じ件数となるように多数派を無作為抽出することでクラス間のバランスを整えます。この処理は**step_downsample()関数**を使って実行できます。以下のコードは、対象のデータをclassの最も少ないLに合わせてダウンサンプリングを行ないます。

```
hpc_down_rec <-
  recipe(class ~ ., data = hpc_data_mod) %>%
  # classをもとにしたダウンサンプリングの指定
  # デフォルトでskip = TRUEが与えられている
  # そのため学習データ以外ではこの処理は無視される
  step_downsample(class, skip = TRUE) %>%
  prep()
```

以下のコードによって不均衡を調整したclassの件数を確認します。

```
hpc_down_rec %>%
  # データへのレシピの適用
  bake(new_data = NULL) %>%
  # class変数の件数を確認
  count(class)
```

```
# A tibble: 4 × 2                                            出力
  class     n
  <fct> <int>
1 VF      259
2 F       259
3 M       259
4 L       259
```

少数であったクラスLのデータ件数に、他のクラスのデータ件数が揃いました。

themisパッケージの不均衡を制御するstep_*()関数は、デフォルトで引数skipがTRUEに設定されています。これは前述したように、レシピの処理を学習データ以外では実行しないためのオプションです。一般的には学習データまたは分析セットにおいてクラスのバランスを調整する処理を行なった場合、評価データやリサンプリングによる検証セットに対しては、データの自然な状態、つまり不均衡を残したままで処理します。これは本来のデータの特性を反映するようにモデルの性能評価を行なうためです。

step_downsample()関数には、調整対象となるクラス件数の少数派と多数派の頻度の比率を制御するオプションとして、引数under_ratioが用意されています。初期値に1をとり、この場合は最も頻度の少ないクラス件数に合わせて他のクラス件数が間引かれます。少数のクラスからさらにデータを間引き、他のクラスの件数も合わせるには、1よりも小さい値を指定することになります。

```
recipe(class ~ ., data = hpc_data_mod) %>%
  # under_rartioの変更
  # 少数クラスのデータ件数が半分になり、他のクラス件数も調整される
  step_downsample(class, under_ratio = 0.5) %>%
  prep() %>%
  bake(new_data = NULL) %>%
  count(class)
```

出力

```
# A tibble: 4 × 2
  class     n
  <fct> <int>
1 VF      129
2 F       129
3 M       129
4 L       129
```

ダウンサンプリングに対して、少数派のクラスからデータ件数の水増しを行なう処理を**アップサンプリング**と呼びます。この手法は少数派のクラスのデータを複製し、多数派の件数と揃えるように働きます。themisパッケージではアップサンプリングは**step_upsample()関数**で提供されています。ダウンサンプリングと同様に、class変数の数を調整するのですが、今度は少数派を多数派に寄せるように実行します。

```
hpc_up_rec <-
  recipe(class ~ ., data = hpc_data_mod) %>%
  # classをもとにしたアップサンプリングの指定
  step_upsample(class, seed = 123, over_ratio = 1) %>%
  prep()
```

step_upsample()関数にもstep_downsample()関数と同様に、調整するクラスとなる件数の頻度の比率を制御する引数over_ratioがあります。ここでは初期値の1を与え、最も数の多いクラス件数に合わせて、少数のクラスのデータを増やしています。

```
hpc_up_rec <-
  recipe(class ~ ., data = hpc_data_mod) %>%
  step_upsample(class, seed = 123) %>%
  prep()

hpc_up <-
  hpc_up_rec %>%
  bake(new_data = NULL)

hpc_up %>%
  count(class)
```

出力

```
# A tibble: 4 × 2
  class     n
  <fct> <int>
1 VF     2211
2 F      2211
3 M      2211
4 L      2211
```

アップサンプリングを行なうレシピを学習データに適用すると、少数派のクラス件数が増加し、多数派クラスと同じ件数となっていることがわかります。一方で単純なアップサンプリングではデータの複製を行なうだけでした。

これに対して**SMOTE**（Synthetic Minority Over-sampling Technique）と呼ばれる手法は、データに基づき少数クラスのデータを人工的に生成し、多数クラスのデータを削除することによってクラス件数を均衡に近づけます。

themisパッケージでは**step_smote()関数**でSMOTEアルゴリズムを実現します。

このアルゴリズムでの少数クラスの増やし方は、k近傍法の考えに基づき、少数クラスのデータのk個の近傍にあるデータを探索し、少数クラスのデータと無作為に選ばれた近傍データとの内挿により新たなデータを生成します。step_smote()関数では近傍点の制御にneighbors引数が利用できます。また、SMOTEアルゴリズムはアップサンプリングの一種のため、クラス件数の制御はstep_upsample()関数と同じくover_ratio引数で行ないます。

```
hpc_smote_rec <-
  recipe(class ~ ., data = hpc_data_mod) %>%
  # 特定の少数クラスのデータから近傍の5つのデータを探索、
  # そこからさらに1つの近傍データを無作為に選び、データの内挿を行なう
  step_smote(class, over_ratio = 0.25, neighbors = 5) %>%
  prep()

hpc_smote <-
  hpc_smote_rec %>%
```

```
  bake(new_data = NULL)
```

SMOTEアルゴリズムの結果を確認してみます。

```
# SMOTEアルゴリズムによるデータ増加の結果を確認
# over_ratioの調整により、少数のクラスの件数が変化する
hpc_smote %>%
  count(class)
```

出力

```
# A tibble: 4 × 2
  class     n
  <fct> <int>
1 VF     2211
2 F      1347
3 M       552
4 L       552
```

SMOTEにはいくつかの拡張アルゴリズムが提案されています。themisパッケージでもこうした拡張アルゴリズムに対応した**step_*()**関数が用意されています。themisパッケージで利用可能なダウンサンプリングとアップサンプリングのための代表的な関数を表1.4に整理しました。各手法のアルゴリズム実装に関してはthemisパッケージのドキュメントや参考文献を参照してください。

●表1.4　themisパッケージの主な**step_*()**関数

関数名	処理内容
step_upsample()	少数クラスのランダムな複製によるアップサンプリング
step_smote()	SMOTEアルゴリズムを用いたアップサンプリング
step_bsmote()	Borderline SMOTE（BSMOTE）によるアップサンプリング
step_rose()	Random Over-Sampling Examples（ROSE）でのアップサンプリング
step_downsample()	多数クラスのランダムな削減によるダウンサンプリング
step_tomek()	Tomek's Linksの抽出によるダウンサンプリング

実際の不均衡データへの対処はデータの中身を確認しながら行ないます。多数派クラスのデータが豊富にあっても、精度改善にはほとんど影響しないこともあります。その際はダウンサンプリングして全体のデータ件数を減らすことによって、分析効率の向上に貢献できます。

1-6 まとめと参考文献

本章はモデルをデータに適用する前段階で重要な2つの作業、データ分割と前処理・特徴量エンジニアリングを扱いました。データ分割はモデルの学習だけでなく、モデルの性能評価のために行なう作業です。モデリングの実行前にデータの特徴を理解し、適切なデータ分割の方法を選択する必要があります。rsampleパッケージは豊富なデータ分割の手法を提供するパッケージであり、交差検証法やブートストラップ法によるリサンプリングデータの生成にも利用可能なことを示しました。モデリングの前段階でもう1つ重要なのが、データに対する前処理・特徴量エンジニアリングです。一部のモデルは、データをそのまま扱うことができず、何らかの処理が求められることがあります。recipesパッケージは前処理・特徴量エンジニアリングの内容を`step_*()`関数として提供します。データの特徴に応じて適用可能なrecipesの拡張パッケージも存在します。豊富な前処理・特徴量エンジニアリングの処理から、モデルの特徴を反映できる効果的なものをデータに適用することで、モデルの性能向上につながります。

- Chris Albon(著), 中田秀基(翻訳), "Python機械学習クックブック", オライリージャパン, 2018.
- Peter Bruce, Andrew Bruce, Peter Gedeck(著), 大橋真也(監修), 黒川利明(翻訳), "データサイエンスのための統計学入門 第2版 予測、分類、統計モデリング、統計的機械学習とR/Pythonプログラミング", オライリージャパン, 2020.
- Emil Hvitfeldt, Julia Silge, "Supervised Machine Learning for Text Analysis in R", Chapman and Hall/CRC, 2021.
- Gareth James, Daniela Witten, Trevor Hastie, Robert Tibshirani(著), 落海 浩, 首藤信通(翻訳), "Rによる 統計的学習入門", 朝倉書店, 2018.
- Max Kuhn, Julia Silge, "Tidy Modeling With R: A Framework for Modeling in the Tidyverse", Oreilly & Associates Inc, 2022.
- Max Kuhn, Kjell Johnson, "Applied Predictive Modeling", Springer;Softcover reprint of the original 1st ed. 2013版, 2019.
- Max Kuhn, Kjell Johnson, "Feature Engineering and Selection: A Practical Approach for Predictive Models", Chapman and Hall/CRC; 第1版, 2021.
- Valliappa Lakshmanan, Sara Robinson, Michael Munn(著), 鷲崎弘宜, 竹内広宜, 名取直毅, 吉岡信和(翻訳), "機械学習デザインパターン データ準備、モデル構築、MLOpsの実践上の問題と解決", オライリージャパン, 2021.
- Aileen Nielsen(著), 山崎邦子, 山崎康宏(翻訳), "実践 時系列解析 ―統計と機械学習による予測", オライリージャパン, 2021.

- Julia Silge, David Robinson(著), 大橋真也(監修), 長尾高弘(翻訳), "Rによるテキストマイニング —tidytextを活用したデータ分析と可視化の基礎", オライリージャパン, 2018.
- Alice Zheng, Amanda Casari(著), 株式会社ホクソエム(翻訳), "機械学習のための特徴量エンジニアリング —その原理とPythonによる実践", オライリージャパン, 2019.
- 門脇大輔, 阪田隆司, 保坂桂佑, 平松雄司(著), "Kaggleで勝つデータ分析の技術", 技術評論社, 2019.
- 久保川達也(著), "現代数理統計学の基礎", 共立出版, 2017.
- 斎藤康毅(著), "ゼロから作るDeep Learning 2: 自然言語処理編", オライリージャパン, 2018.
- 汪 金芳, 桜井裕仁(著), "ブートストラップ入門", 共立出版, 2011.

第2章

回帰モデルの作成

本章では、tidymodelsのparsnipパッケージを使い、回帰を行なう機械学習モデルを作成します。parsnipパッケージが登場する以前の機械学習モデルの作成方法と比較することで、tidymodelsパッケージ群を使うことによる利点を体感します。続けて、yardstickパッケージによる機械学習モデルの評価についても紹介します。

本章の内容

2-1 statsパッケージによる線形回帰モデルの作成

本章では、parsnipパッケージを使って回帰モデルを作成する方法と、yardstickパッケージを使って回帰モデルの予測結果を評価する方法を紹介します[注2.1]。

予測モデルをparsnipパッケージで作成する方法を解説する前に、本節ではparsnipパッケージの便利さを理解してもらうため、parsnipパッケージが登場する以前のパッケージのみを使い、シンプルな予測モデルである線形回帰モデル（Linear Regression Model）を作成する方法を解説します。

R言語をインストールした時点で、線形回帰のための関数を利用できます。読み込まれているパッケージや設定などを表示する`sessionInfo()`関数を実行し`attached base packages:`の項目を確認すると、statsという名前のパッケージが読み込まれていることがわかります。statsパッケージは統計解析に必要となる関数群を保有するパッケージです。R言語は統計解析やデータ分析に使われる主な関数をRの起動とともに使用可能な状態で提供してくれているのです。

```
# 現在のR言語の環境を表示(実行結果は筆者の環境)
sessionInfo()
```

出力

```
R version 4.2.1 (2022-06-23 ucrt)
Platform: x86_64-w64-mingw32/x64 (64-bit)
Running under: Windows 10 x64 (build 19044)

Matrix products: default

locale:
[1] LC_COLLATE=Japanese_Japan.utf8  LC_CTYPE=Japanese_Japan.utf8
[3] LC_MONETARY=Japanese_Japan.utf8 LC_NUMERIC=C
[5] LC_TIME=Japanese_Japan.utf8

attached base packages:
[1] stats     graphics  grDevices utils     datasets  methods   base

loaded via a namespace (and not attached):
 [1] compiler_4.2.1  magrittr_2.0.3  fastmap_1.1.0   cli_3.3.0
 [5] tools_4.2.1     htmltools_0.5.3 rstudioapi_0.13 yaml_2.3.5
 [9] stringi_1.7.8   rmarkdown_2.14  knitr_1.39      stringr_1.4.0
[13] xfun_0.32       digest_0.6.29   rlang_1.0.4     evaluate_0.16
```

注2.1　分類モデルについては3章で扱います。

ここで使用したsessionInfo()関数も特別なパッケージの読み込みを必要とすることなく実行できました。このsessionInfo()関数はutilsパッケージに属しており、起動とともに読み込まれる関数です。

lm()関数の基本

statsパッケージで線形回帰を実行するには、**lm()関数**を用います[注2.2]。lm()関数の詳細を確認するために、関数名だけを入力し実行してみましょう。出力結果のfunction()の括弧内を確認することで、lm()関数にどのような引数を渡すことができるかわかります。

```
# lm()関数の詳細を調べるため、括弧を付けずに実行
lm
```

```
function (formula, data, subset, weights, na.action, method = "qr",
    model = TRUE, x = FALSE, y = FALSE, qr = TRUE, singular.ok = TRUE,
    contrasts = NULL, offset, ...)
(省略)
```
出力

出力結果を見ると、引数にdataとformulaを指定できることがわかります。data引数には使用するデータセットを指定し、formula引数にはデータに含まれる目的変数と説明変数を列名で指定します。

formula引数の記述方法は、"チルダ記号~の左に目的変数、右に説明変数の列名"を指定します。以下にformula引数への目的変数と説明変数の指定方法をいくつか例示します。

- y ~ x：目的変数yと説明変数x
- y ~ .：目的変数yとそれ以外のすべての情報を説明変数とする場合
- y ~ x - 1：目的変数yと説明変数xから切片を求めず傾きのみを求めたい場合
- y ~ x1 + x2：目的変数yと説明変数x1、x2を使った指定方法
- y ~ x1 * x2：目的変数yと説明変数x1、x2の交互作用も考慮した場合の指定方法

上記のformulaの指定方法を補足します。目的変数以外のすべての変数を説明変数として使い、目的変数を予測したい場合にはチルダの右にドット記号.を記述します。すべての変数を説明変数として使うため、交互作用を考慮しないモデルとなります。また、xが0のとき、yは必ず0となるような関係の場合には傾きのみを使ったモデルを作成する必要があり、切片をモデル

注2.2　lmはLinerar regression Model（線形回帰モデル）から名付けられています。

から除く必要があります。`lm()`関数を使った線形回帰モデルは切片を自動的に求めるため、切片を必要としない場合は`-1`を`formula`に書き足します。複数の説明変数を組み合わせて予測したい場合、四則演算の記号を使います。

 lm()関数による線形回帰モデルの作成

`lm()`関数を使って線形回帰モデルを作成してみましょう。1章でも使用したtidymodelsのmodeldataパッケージに含まれるamesデータをもとに、ガレージ面積と家の売却価格の関係をモデル化します。

まず、ガレージを保有している物件のみに絞り込みます。

```
# 機械学習モデルを作成するためのtidymodelsパッケージと
# データ操作のためのtidyverseパッケージの読み込み
library(tidymodels)
library(tidyverse)

# amesデータの呼び出しとガレージ面積が0の物件を取り除く
data(ames)

ames_reg_data <- ames %>%
  filter(Garage_Area > 0)
```

これから作成する**線形回帰モデル**は、切片と傾きを使ってデータの線形変換を行なうアルゴリズムです。つまり、"yとxの関係は線形関係で近似可能"という前提が満たされなければ、使用に適さないアルゴリズムということです[注2.3]。切片と傾きを使うことで予測対象を説明できるのか、データを可視化して確認してみましょう。

```
# ガレージ面積と売却価格の間の関係性を可視化する
ames_reg_data %>%
  ggplot(aes(x = Garage_Area, y = Sale_Price)) +
  geom_point()
```

注2.3　本書はtidymodelsの解説を主旨としているため、アルゴリズムの詳細には踏み込みません。ご自身に合った書籍や資料を参照しながら読み進めることをおすすめします。

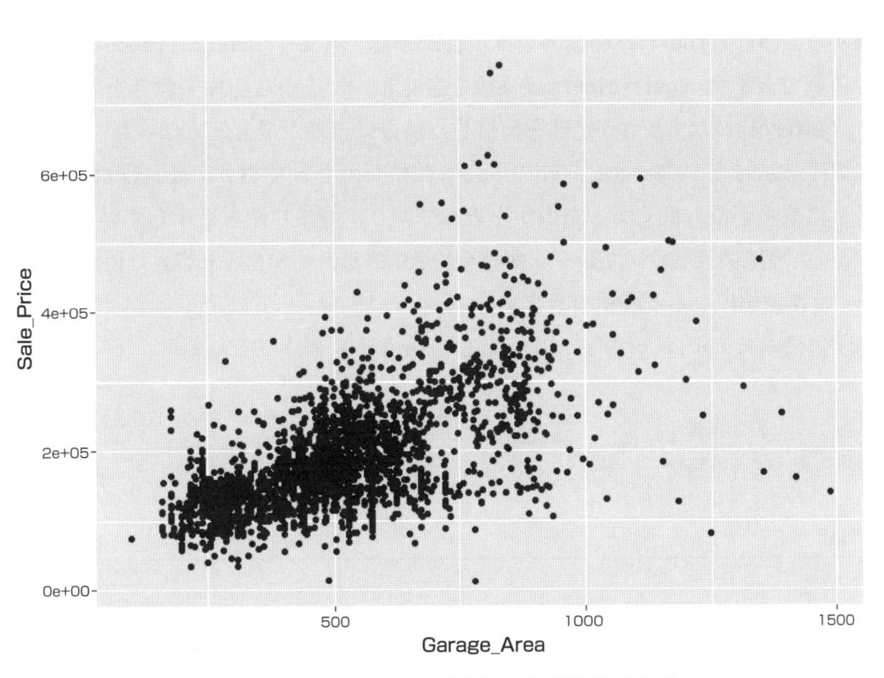

図2.1　ガレージ面積と売却価格の間の関係性を可視化

図2.1を確認する限り、ガレージ面積（Garage_Area）に対して家の売却価格（Sale_Price）は右肩上がりとなる増加の傾向が見てとれ、ガレージの面積を切片と傾きを使い変換することで売却価格を説明できそうです。どのようなモデルが予測したいデータに適しているのかを検討するためには、他のモデルと見比べて判断します。

それではガレージ面積を線形変換し、家の売却価格を予測する線形回帰モデルを作成します。前述したlm()関数のformulaとdataを指定します。予測したい対象（目的変数）であるSale_Price列をチルダの左に、予測するためのデータ（説明変数）としてGarage_Area列を右に指定しましょう。以下を実行すると、最適な切片と傾きが求まります。

```
# statsパッケージで線形回帰モデルを作成する
lm_price_garage <- lm(formula = Sale_Price ~ Garage_Area, data = ames_reg_data)
lm_price_garage
```

出力

```
Call:
lm(formula = Sale_Price ~ Garage_Area, data = ames_reg_data)

Coefficients:
(Intercept)  Garage_Area
    51625.8        267.2
```

結果から、CallとCoefficientsという項目が確認できます。Callにはfomulaに指定したモデル式が確認できます。Coefficientsは係数を意味し、ここから切片や傾きを読み取ることができます。(Intercept)は1という定数を何倍した場合に誤差が最も低くなったのかを表しており、つまり切片を示します。Garage_Areaの下にも数値が示されており、これはGarage_Areaを何倍した場合に誤差が最も低くなったのかを表しており、つまり傾きを示しています。この線形回帰モデルの学習結果から、「ガレージ面積を約267倍し、約51625を加えた値」のとき「家の売却価格」の推定値になると解釈できます。

この学習済みモデルは、オブジェクトとしてlmクラスを持っています。

```
# オブジェクトのクラスの確認
class(lm_price_garage)
```

```
[1] "lm"
```
出力

parsnipパッケージによる線形回帰モデルの作成

ここからはtidymodelsのコアパッケージの1つである**parsnipパッケージ**を使い、statsパッケージのlm()関数のように線形回帰モデルを作成する方法を紹介します。parsnipパッケージでは線形回帰モデルを作成するための**linear_reg()関数**が用意されています。

parsnipパッケージで機械学習モデルを作成するには、大まかに分けて以下の4つの手順を経由します。

手順1. 使用したい機械学習モデルを選ぶ
手順2. 機械学習モデルを分類と回帰どちらで使いたいのか設定する（modeの設定）
手順3. 機械学習モデルの提供元であるパッケージ名や関数名を設定する（engineの設定）
手順4. データと予測対象を設定し、学習を実施する（fit()関数による学習）

手順1から手順3までが機械学習モデルの定義部分にあたり、手順4で学習を行ないます。parsnipパッケージを使用した機械学習モデルの作成においては、このようにモデルの定義とモデルの学習が明確に切り離されています。

 使用したい機械学習モデルを選ぶ

まず、機械学習モデルを選びます。ここではparsnipパッケージで線形回帰モデルを実行するためのlinear_reg()関数を選択したとします（手順1）。

linear_reg()関数の詳細を確認してみましょう。関数に指定できる引数の詳細を知りたい場合は、前述のように関数名だけを入力し実行します。

```
# linear_reg()関数の詳細を確認する
linear_reg
```

出力

```
function (mode = "regression", engine = "lm", penalty = NULL,
    mixture = NULL)
{
    args <- list(penalty = enquo(penalty), mixture = enquo(mixture))
    new_model_spec("linear_reg", args = args, eng_args = NULL,
        mode = mode, method = NULL, engine = engine)
（省略）
```

表示されたfunction()の括弧内を確認すると、mode、engine、penalty、mixtureなどの引数を指定できることがわかります。mode、engineはparsnipパッケージの関数に共通する引数です（このあと紹介します）。penalty、mixtureは機械学習モデルのパラメータを調整する引数です。parsnipパッケージのパラメータ調整については本節の最後に紹介します。

modeの設定

parsnipパッケージに共通する引数mode（**動作モード**）では、モデルを回帰・分類のどちらで使うかを指定します（手順2）。linear_reg()関数のmode引数にはregressionが指定されています。機械学習モデルによっては、parsnipパッケージの関数に初期値が入力されている場合もありますが、予期せぬエラーを回避するためにも明示的に動作モードを指定することをおすすめします。今回は分類ではなく回帰を行ないたいので、modeにregressionを指定します。

mode引数を使用すると、1行に表示されるコードが長くなり、コードの可読性が低くなることがあります。動作モードを設定するには、**set_mode()関数**を使用します。set_mode()関数を使えば、パイプ演算子によって短い複数行のコードで記述できるため、可読性を高めることが可能です。

```
# 機械学習を実行するための関数の引数として動作モードを指定する場合
linear_reg(mode = "regression")

# 動作モードを指定する関数を使用した場合
linear_reg() %>%
  set_mode(mode = "regression")
```

 engineの設定

parsnipパッケージの設計思想は、parsnipパッケージ内で機械学習モデルを実装するのではなく、すでに実装済みの他の機械学習パッケージの機能を利用する方式をとっています。parsnipパッケージに共通する引数engine（**動作エンジン**）には、機械学習モデルの機能を保有しているパッケージ名や関数名を指定します（手順3）。例えばlinear_reg()関数では、初期値としてengine引数にstatsパッケージのlm()関数が設定されています。他にどのようなパッケージを使用できるのか確認するには**show_engines()関数**やget_dependency()関数を使用します。以下のようにshow_engines()関数を実行することで、linear_reg()関数に対応している動作エンジンと動作モードを確認できます。

```
# linear_reg()関数が利用可能なパッケージ一覧の表示
show_engines("linear_reg")
```

```
# A tibble: 7 × 2                                                    出力
  engine mode
  <chr>  <chr>
1 lm     regression
2 glm    regression
3 glmnet regression
4 stan   regression
5 spark  regression
6 keras  regression
7 brulee regression
```

engine引数に指定できるパッケージについて、より詳細を知りたい場合は公式のリファレンスを参照するか、tidymodelsの開発者が作成したWebサイト「Search parsnip models」のページから探してみてください。

- tidymodels公式のparsnipパッケージのリファレンス
  URL https://parsnip.tidymodels.org/reference/index.html
- Search parsnip models
  URL https://www.tidymodels.org/find/parsnip/

show_engines()関数や公式のリファレンスで使用できるパッケージを確認した後は、engine引数にパッケージ名や関数名を指定しましょう。動作モードと同様に、engine引数は専用の関数で指定することも可能です。engine引数を指定するには**set_engine()関数**を使います。

```
# 機械学習を実行するための関数の引数として動作エンジンを指定する場合
linear_reg(mode = "regression", engine = "lm")

# 動作エンジンを指定する関数を使用した場合
linear_reg() %>%
  set_mode(mode = "regression") %>%
  set_engine(engine = "lm")
```

engine引数に指定するパッケージは、そのすべてがtidymodelsとともにインストールされるわけではありません。エラーコードが表示されたときは、エラーコードの表示にしたがって該当のパッケージをインストールしてください。

ここまで紹介してきた関数を組み合わせて線形回帰モデルを作成すると、以下のようになります。

```
# parsnipパッケージによる線形回帰モデルの作成
lm_mod <- linear_reg() %>%
  set_mode("regression") %>%
  set_engine("lm")
```

ここまでの手順で機械学習モデルの定義が完了しました。続いて、このモデルにデータを学習させます。

COLUMN

ラッパー機能のメリット

parsnipパッケージで利用できる関数は、parsnipパッケージの開発チームがプログラムを実装しているわけではありません。parsnipパッケージの関数は、動作する際に機械学習モデルが実装されている別のパッケージを動作エンジンとして呼び出しています。線形回帰モデルを作成する際にshow_engine()関数で確認したように、linear_reg()関数の動作エンジンにはさまざまなパッケージを指定することができました。R言語では、同じ機械学習モデルにもかかわらず別々のパッケージに実装されていることがあり、それぞれのパッケージで開発者が異なります。そのため、同じ機械学習モデルであっても、関数の入力に必要となるデータの形式やパラメータの名前が異なるという場面が発生していました。本来は別々のパッケージとして実装されている機械学習モデルのコードを、統一的に記述できるようにparsnipパッケージは設計されています。このように、関数の使い方を変更する機能のことをラッパー（Wrapper）と呼びます。

tidymodelsの開発者の立場から考えても、ラッパーにはメリットがあります。さまざまなパッケージに散らばったすべての機械学習モデルを実装するには膨大なコストがかかりますし、機械学習モデルにも流行り廃りがあり、開発が停止してしまうパッケージも存在します。ラッパー機能があれば、機械学習モデルの実装がどう変化しようと一部の機能を切り替えるだけで済みます。このようなメリットによって、アルゴリズムの実装に時間を割くことなく、既存のパッケージを有効に利用しながら機械学習モデルを作成できるようになりました。

fit()関数による学習

前述した手順の通り、parsnipパッケージを使用した機械学習モデルの作成は、モデルの定義とモデルの学習が切り離されています。この理由は、次の2つのケースに対応できるように設計されているためです。

- モデルはそのまま、使用するデータや使用する変数のみを変更する
- データはそのまま、モデルを変化させたい

データを使ってモデルを学習させるためには**fit()関数**を追加します（手順4）。目的変数や説明変数は`fit()`関数の引数として渡します。

```
# 定義したモデルに、学習のために必要なデータや変数の情報を伝える
lm_fit <-
  lm_mod %>%
  fit(Sale_Price ~ Garage_Area, data = ames_reg_data)
```

上記のように`fit()`関数を実行すると、データを学習し終えた`lm_fit`オブジェクトを得ることができます。以下のようにしてこのオブジェクトを確認すると、statsパッケージの`lm()`関数の実行結果と似た出力であることがわかります。

```
lm_fit
```

出力

```
parsnip model object



Call:
stats::lm(formula = Sale_Price ~ Garage_Area, data = data)

Coefficients:
(Intercept)  Garage_Area
```

```
     51625.8          267.2
```

lm()関数で作成したオブジェクトとlm_fitオブジェクトを比較するためにクラスを確認してみます。

```
class(lm_fit)
```

```
[1] "_lm"          "model_fit"
```
出力

parsnipパッケージの関数によって作成されたモデルは、クラスに_lmとmodel_fitを持つことがわかります。statsパッケージのlm()関数とは異なるクラスを持っていることから、線形回帰モデルを作成するまでにparsnipパッケージによる処理を介していることが確認できます。

ここまでで、parsnipパッケージを使いモデルを定義し、データを使いモデルを学習させ、切片や傾きの情報を取得しました。**translate()関数**を使用すると、元のパッケージ（動作エンジン）の関数に設定できる引数を確認することができます。

```
# engineに指定したパッケージの引数を確認
lm_mod %>%
  translate()
```

```
Linear Regression Model Specification (regression)

Computational engine: lm

Model fit template:
stats::lm(formula = missing_arg(), data = missing_arg(), weights = missing_arg())
```
出力

translate()関数の出力結果のModel fit templateを確認すると、背後で動作していたstatsパッケージのlm()関数で実行する際のコードが表示されていることがわかります。parsnipパッケージを使用せずに同じモデルを作成したい場合には、translate()関数の出力が参考になります。

parsnipパッケージで利用できる機械学習モデル

線形回帰モデルのためのlinear_reg()関数以外にも、parsnipパッケージではさまざまな機械学習モデルを選択できます。tidymodelsのparsnipパッケージのリファレンスページから「Models」の項を確認すると複数種類の機械学習モデルを選択できることがわかります。

- parsnipパッケージのリファレンスページ
  URL https://parsnip.tidymodels.org/reference/index.html

2022年11月時点、リファレンスページで紹介されている機械学習モデルは、回帰・分類などの目的を問わず数えると約30種類あります。parsnipパッケージで扱うことができる機械学習モデルの名前をピックアップして表2.1に記載しました。

表2.1 parsnipパッケージで扱うことのできる機械学習モデルの例

関数名	機械学習モデルの名前	説明	動作エンジンに指定可能なパッケージ
bag_tree()	Ensembles of Decision Trees	複数の決定木を組み合わせたモデル	rpart, C5.0
boost_tree()	Boosted Trees	ブースティングを使った木構造モデル	xgboost, C5.0, h2o, lightgbm, mboost, spark
decision_tree()	Decision Trees	決定木モデル	rpart, C5.0, partykit, spark
rand_forest()	Random Forest	複数の決定木をランダム性を持たせたデータで学習させるモデル	ranger, h2o, partykit, randomForest, spark
linear_reg()	Linear Regression	線形回帰モデル	lm, brulee, gee, glm, glmer, glmnet, gls, h2o, keras, lme, lmer, spark, stan, stan_glmer
logistic_reg()	Logistic Regression	ロジスティック回帰モデル	glm, brulee, gee, glmer, glmnet, h2o, keras, LiblineaR, spark, stan, stan_glmer
poisson_reg()	Poisson Regression Models	ポアソン回帰モデル	glm, gee, glmer, glmnet, h2o, hurdle, stan, stan_glmer, zeroinfl
gen_additive_mod()	Generalized Additive Models (GAMs)	一般化加法モデル	mgcv
mlp()	Single Layer Neural Network	単層ニューラルネットワーク	nnet, brulee, h2o, keras
naive_Bayes()	Naive Bayes Models	単純ベイズモデル	klaR, h2o, naivebayes
nearest_neighbor()	k-nearest Neighbors	k近傍法	kknn
pls()	Partial Least Squares (PLS)	部分最小二乗法	mixOmics
svm_linear()	Linear Support Vector Machines	線形判別境界を使用したサポートベクトルマシン	LiblineaR, kernlab
svm_poly()	Polynomial Support Vector Machines	多項式判別境界を使用したサポートベクトルマシン	kernlab
svm_rbf()	Radial Basis Function Support Vector Machines	動径基底関数による判別境界を使用したサポートベクトルマシン	kernlab

 parsnip パッケージでのハイパーパラメータの設定方法

機械学習モデルには予測性能を向上させるために調整する**ハイパーパラメータ**があります。ハイパーパラメータがどのような設定のときに性能の良いモデルが作成できるかについては、分析者自身で探索することになります。

parsnipパッケージでハイパーパラメータを調整するには、機械学習モデルを作成する関数の引数を調整する、もしくは以下のように**set_args()関数**を使ってハイパーパラメータを指定します[注2.4]。

```
# ハイパーパラメータを指定する方法
linear_reg() %>%
  set_args(mixture = 1, penalty = 1)
```

```
Linear Regression Model Specification (regression)

Main Arguments:
  penalty = 1
  mixture = 1

Computational engine: lm
```

本章では、このようなハイパーパラメータ専用の関数を使用せず、機械学習モデルを指定する関数の引数にハイパーパラメータを指定します[注2.5]。5章でも同様の記述方法を使用し、ハイパーパラメータを調整します。どちらも表示される結果は同じです。

```
# ハイパーパラメータ指定のための専用関数を使わない方法
linear_reg(mixture = 1, penalty = 1)
```

```
Linear Regression Model Specification (regression)

Main Arguments:
  penalty = 1
  mixture = 1

Computational engine: lm
```

注 2.4　本書の「5 章 ハイパーパラメータチューニング」では、tune パッケージを使った事例を紹介します。

注 2.5　tidyverse や tidymodels の開発者たちは可読性を高めるためにパイプ演算子を使い改行する行為自体は推奨していますが、意味のない改行を繰り返し、改行が乱立することは推奨していません。ここではモデルと引数の関係性の確認を容易にするという目的で改行を使っていません。

2-3 parsnipパッケージの便利な機能

本節ではparsnipパッケージの便利な機能を紹介します。

GUIを使った機械学習モデル・関数名の検索

parsnipパッケージで使用できる機械学習モデルを選ぶ際、公式のリファレンスを見て選択する方法を前述しました。RStudioを利用しているのであれば、tidymodelsの機能を使って、検索インターフェースを介して選択できます。この機能を実行するためには、shiny、miniUI、rstudioapiパッケージをインストールしておく必要があります。インストール後、それぞれのパッケージを読み込み、以下のようにparsnipパッケージの**parsnip_addin()関数**を実行してみましょう。

```
# parsnipパッケージで使用できる機械学習モデルを探す
parsnip_addin()
```

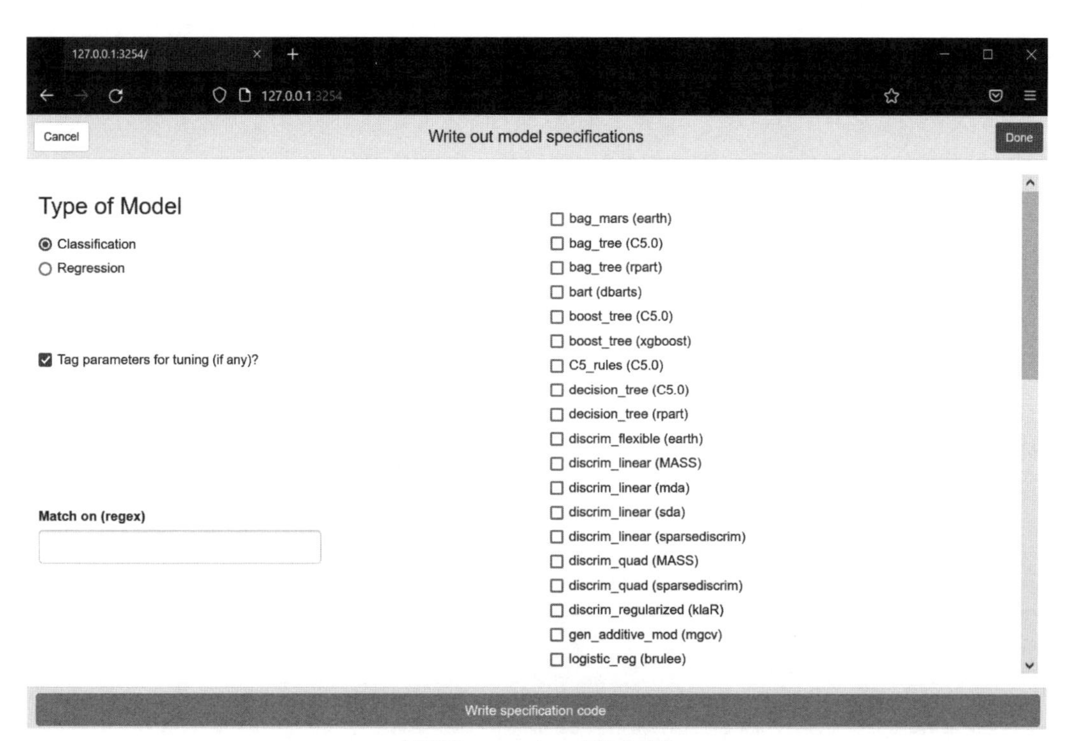

●図2.2　parsnip_addinの結果

この機能を実行すると、shinyパッケージで作成されたWebアプリケーションが立ち上がり、parsnipパッケージで利用できる機械学習モデルをGUI上で選択できます（図2.2）。

RStudioのSourceペイン上でコードを出力したい場所にカーソルを合わせた状態で、GUI上に表示されている機械学習モデルにチェックを入れて[write specification code]ボタンを押すと、RStudioのSourceペイン上にコードを出力できます。起動したGUIは[Done]ボタンで終了することができます。

 fit() 関数による引数の統一的な記法

statsパッケージの`lm()`関数は、シンプルに線形回帰モデルを作成できました。parsnipパッケージで線形回帰モデルを作成する例では、少し手間が増えたように感じられたかもしれません。しかし、線形回帰モデルをstatsパッケージ以外のパッケージで試したい、またはパラメータを変更したモデルを複数用意したい、説明変数の組み合わせを複数試してみたい、などの要望が出てきた場合にはparsnipパッケージのように"動作モード、動作エンジン、パラメータの設定"と"学習"が分かれている方が、コードを使いまわすことができ効率的です。

パッケージが異なると開発者も異なり、機械学習モデルの実装されているパッケージごとにコードの記述方法が異なる場合があることについては前述しました。ここでは、その例を詳しく紹介します。例えば、線形回帰を実行するためには、以下のようなパッケージの選択肢があります。

- 統計解析に必要となる関数群を保有するstatsパッケージ
- 一般化線形回帰のアルゴリズムを幅広くカバーしたglmnetパッケージ
- ベイズ推定を用いて線形回帰を行なうためのrstanarmパッケージ

それぞれのパッケージを使用して線形回帰を行なう場合、記述方法は以下のように異なります。

```
# statsパッケージによる線形回帰の実行コード
model <- stats::lm(formula, data, ...)

# glmnetパッケージによる線形回帰の実行コード
model <- glmnet::glmnet(x = matrix, y = vector, family = "gaussian", ...)

# rstanarmパッケージによる線形回帰の実行コード
model <- rstanarm::stan_glm(formula, data, family = "gaussian", ...)
```

glmnetパッケージの`glmnet()`関数では、目的変数と説明変数の指定に`formula`ではなく、説

明変数をマトリクス形式、目的変数をベクトル形式で渡す必要があります。同じ目的となる関数を使いたいにもかかわらず、パッケージが違うだけでこのような差異が発生してしまいます。熟練のRユーザであれば、それぞれのパッケージごとの違いを覚えているかもしれませんが、初心者だけでなく多くの方にとっては難しいでしょう。

parsnipパッケージでは、**fit()関数**を使用することで異なるデータの渡し方をformulaによって指定できます。目的変数と説明変数を分割した状態のデータとして扱いたい場合には、fit_xy()関数を使い、目的変数と説明変数を別々のオブジェクトとして保有したまま学習させることも可能です。

```
# amesデータを学習データと評価データに分割する
ames_spl <- ames_reg_data %>% initial_split(prop = 0.7)
ames_train <- training(ames_spl)
ames_test <- testing(ames_spl)

# モデルの定義
lm_model <-
  linear_reg(mixture = 1, penalty = 1) %>%
  set_engine("lm") %>%
  set_mode("regression")

# formulaでデータを指定する場合
lm_formla_fit <-
  lm_model %>%
  fit(Sale_Price ~ Garage_Area, data = ames_train)

# 学習用のデータをxとyを分けて指定する場合
y <- ames_train %>% select(Sale_Price)
x <- ames_train %>% select(Garage_Area)

lm_xy_fit <-
  lm_model %>%
  fit_xy(x = x, y = y)
```

上記のように、目的変数と説明変数が別のオブジェクトとして存在する場合には、fit_xy()関数を使用することで、別のオブジェクトのまま学習させることができます。

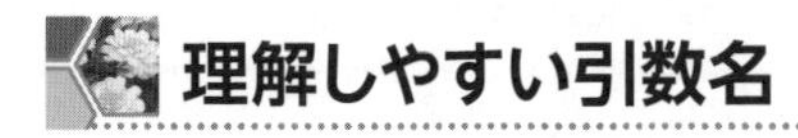

理解しやすい引数名

parsnipパッケージを使用するメリットは、パッケージ間の引数の名前の統一と、引数の名前のわかりやすさです。作成したオブジェクトや関数、引数が何を指定するものなのか理解しやすい名前を付けることは良いコードを記述するための基本です。

わかりにくい引数名の例として、glmnetパッケージのglmnet()関数には、lambda（ラムダ）引数があります。このlambdaには各変数の係数の大きさを調整する役割があります。lambdaという引数名は、罰則付き線形回帰の数式の中に登場する記号が由来です注2.6。論文に記述されている数式を含めて機械学習モデルを理解している方はこの名前で理解できるかもしれませんが、研究の経緯を知らない多くの人にとってはlambdaが何を表すのか情報がなく不親切です。

```
# 引数の名前を確認するために関数名のみを入力し実行する
glmnet::glmnet
```

出力
```
function (x, y, family = c("gaussian", "binomial",
    "poisson", "multinomial", "cox", "mgaussian"),
    weights = NULL, offset = NULL,
    alpha = 1,
    nlambda = 100,
    lambda.min.ratio = ifelse(nobs < nvars, 0.01, 1e-04),
    lambda = NULL,
     ...)
(省略)
```

parsnipパッケージでは、lambdaという引数名がpenaltyという引数名に変更されます。記号を由来とする引数名よりも、penalty（罰則）という引数名であれば、何を調節するのか理解しやすくなります。他の機械学習モデルに関わる引数名もユーザが理解しやすいように工夫されています。

パッケージ間の引数名の統一

ランダムフォレストや、ブースティング、XGBoostなどのアルゴリズムは人気が高く、複数のパッケージが開発されていますが、調整するハイパーパラメータが同じものを指すにもかかわらず、開発者が違うことによって引数の名前がバラバラでした。parsnipパッケージでは、同じような調整を行なうハイパーパラメータは名前が統一されています。

一例として、ランダムフォレストを紹介します。ランダムフォレストを実行するために使われるパッケージはranger、sparklyr、randomForestが有名です。詳細はここでは説明しませんが「予測に使用する説明変数の数を10、同時に作る木（弱分類器）の数を2,000」のハイパーパラメータをとるランダムフォレストを作成すると、パッケージによって以下のような違いがあります。

注2.6　参考文献：Arthur E. Hoerl, Robert W. Kennard "Ridge Regression: Biased Estimation for Nonorthogonal Problems" Technometrics, p55-67, 1970.

```
# randomForestパッケージでのモデルの指定方法
rf_1 <- randomForest(
  y ~ .,
  data = dat,
  mtry = 10,
  ntree = 2000,
  importance = TRUE
)

# rangerパッケージでのモデルの指定方法
rf_2 <- ranger(
  y ~ .,
  data = dat,
  mtry = 10,
  num.trees = 2000,
  importance = "impurity"
)

# sparklyrパッケージでのモデルの指定方法
rf_3 <- ml_random_forest(
  dat,
  intercept = FALSE,
  response = "y",
  features = names(dat)[names(dat) != "y"],
  col.sample.rate = 10,
  num.trees = 2000
)
```

一方、parsnipパッケージでは、目的が同じハイパーパラメータの引数名は統一されているため、**set_engine()**関数の引数を変更するだけでコードを使いまわすことができます。

- rangerパッケージを動作エンジンに設定

```
# parsnipパッケージを介することでアルゴリズム間の引数の名前の違いを統一する例
# コードの中で異なるのはset_engineの中身のみ

rand_forest(mtry = 10, trees = 2000) %>%
  set_engine("ranger") %>%
  set_mode("regression")
```

出力

```
Random Forest Model Specification (regression)

Main Arguments:
  mtry = 10
  trees = 2000
```

1
2
3
4
5
6

```
Computational engine: ranger
```

- sparklyrパッケージを動作エンジンに設定

```
rand_forest(mtry = 10, trees = 2000) %>%
  set_engine("spark") %>%
  set_mode("regression")
```

```
Random Forest Model Specification (regression)

Main Arguments:
  mtry = 10
  trees = 2000

Computational engine: spark
```

出力

- randomForestパッケージを動作エンジンに設定

```
rand_forest(mtry = 10, trees = 2000) %>%
  set_engine("randomForest") %>%
  set_mode("regression")
```

```
Random Forest Model Specification (regression)

Main Arguments:
  mtry = 10
  trees = 2000

Computational engine: randomForest
```

出力

ランダムフォレストに関するハイパーパラメータ名は、パッケージ間で表2.2のように異なっていましたが、parsnipパッケージでは統一されました。

●表2.2　ランダムフォレストに関するハイパーパラメータと引数名

パッケージ名	無作為抽出する変数の数	木の数	分割継続最小ノードサイズ
ranger	mtry	num.trees	min.node.size
randomForest	mtry	ntree	nodesize
sparklyr	feature_subset_strategy	num_trees	min_instances_per_node
parsnip	mtry	trees	min_n

parsnipパッケージの`rand_forest()`関数で指定できるハイパーパラメータ以外にも、parsnip

パッケージの背後で動作させている動作エンジン（機械学習モデルを保有しているパッケージ）に、パッケージ固有のハイパーパラメータが存在しています。例えば、木構造モデルがデータを分割する際に基準とする指標である重要度は、rangerパッケージでは`importance`引数で指定します。パッケージ固有のハイパーパラメータとして、どのようなハイパーパラメータが存在するかは各パッケージのドキュメントを確認することをおすすめします。Rdocumentationでは関数名やパッケージ名を入力し、詳細なドキュメントを調べることができます。

- Rdocumentation
  URL https://www.rdocumentation.org/

このようなパッケージ固有のハイパーパラメータはparsnipパッケージの`set_engine()`関数で指定できます。

```
# 動作エンジンに指定したパッケージが持つハイパーパラメータの指定方法の例
# parsnipパッケージのrand_forest()関数に存在せず、rangerパッケージに存在する引数の指定
rand_forest() %>%
set_mode("classification") %>%
set_engine("ranger", importance = "permutation")

# parsnipパッケージのlogistic_reg()関数に存在せず、glmnetパッケージに存在する引数の指定
logistic_reg() %>%
set_mode("classification") %>%
set_engine("glmnet", nlambda = 10)

# parsnipパッケージのdecision_tree()関数に存在せず、rpartパッケージに存在する引数の指定
decision_tree() %>%
set_mode("classification") %>%
set_engine("rpart", parms = list(prior = c(.65, .35)))
```

parsnipパッケージの関数は、動作エンジンに指定したパッケージの引数をすべて実装しているわけではありません。そのため上記のように個別に指定する必要があります。

関数の自作

parsnipパッケージでは`linear_reg()`関数を使ってstatsパッケージの`lm()`関数の機能を利用できました。parsnipパッケージには、"parsnipパッケージで利用できる関数を自ら作成する機能（**自作関数**）"が備わっています。他のパッケージで実装されている機械学習モデルをparsnipパッケージの関数のように自作することで、tidymodelsの他のパッケージと連結して利用できるようになります。tidymodelsにはハイパーパラメータチューニングをはじめ、データ分割、結

果の可視化といった便利な機能が備わっています。parsnipパッケージに実装されていない機械学習モデルのパッケージを自作関数に取り込むことで、tidymodelsの便利な機能の恩恵を受けることができます。ここでは、statsパッケージのlm()関数をparsnipパッケージの関数として利用できるように実装してみましょう。

まず関数の名前を決めます。ここではmy_lm()という名前の関数を作成して線形回帰モデルを動かします。すでに存在している関数と同じ名前では使用できないため、check_model_exists()関数を使って調べます。

試しに、すでに存在しているlinear_reg()関数をcheck_model_exist()関数で調べると、エラーメッセージは出力されません。

```
# linear_reg()関数が存在しているかの確認
check_model_exists("linear_reg")
```

これから作成したいmy_lmという名前の関数が存在するかを確認します。

```
# my_lm()関数が存在しているかの確認
check_model_exists("my_lm")
```

出力

```
Error in `check_model_exists()`:
! Model `my_lm` has not been registered.
Backtrace:
 1. parsnip::check_model_exists("my_lm")

Model `my_lm` has not been registered.
```

上記のように表示され、my_lmは関数として存在していないことがわかりました。**set_new_model()関数**で登録しましょう。

```
# my_lm()関数の登録
set_new_model("my_lm")
```

次に、モデル作成の節で前述した動作モードを付与するため、**set_model_mode()関数**を使って回帰を設定します。加えて、動作エンジンの設定を**set_model_engine()関数**、依存パッケージを**set_dependency()関数**を使い設定します。lm()関数を再現するための依存パッケージにはstatsパッケージを指定します。

```
# my_lm()関数の動作モードと動作エンジンの指定
set_model_mode(model = "my_lm", mode = "regression")

set_model_engine(
  model = "my_lm",
  mode = "regression",
  eng = "lm"
)

set_dependency("my_lm", eng = "lm", pkg = "stats")
```

ここまでmy_lm()関数に設定した内容は、**show_model_info()関数**で確認できます。

```
# my_lm()関数の設定状況の確認
show_model_info("my_lm")
```

出力

```
Information for `my_lm`
 modes: unknown, regression

 engines:
   regression: lmNA

 The model can use case weights.

 no registered arguments.

 no registered fit modules.

 no registered prediction modules.
```

モデル名やモードの設定を確認できましたが、arguments、fit modules、prediction modulesが登録されていないと表示されました。それぞれ次の関数を使用して登録します。

- **arguments**（調整可能なハイパーパラメータ）の登録は**set_model_arg()**関数
- **fit modules**（学習のために必要な設定）の登録は**set_fit()**関数
- **prediction modules**（予測の際に必要な設定）の登録は**set_pred()**関数や**set_encoding()**関数

今回は最低限の機能のみで関数を作成します。まず、関数を具体的なオブジェクトとして用意します。この際、動作モードに回帰以外が設定された場合のエラーメッセージを用意しておきます。

```
# 作成したい関数を作成
my_lm <-
  function(mode = "regression") {

    if (mode  != "regression") {
      rlang::abort("this mode is not a known mode for my_lm()")
    }

    new_model_spec(
      "my_lm",
      args = NULL,
      eng_args = NULL,
      mode = mode,
      method = NULL,
      engine = NULL
    )
  }
```

次に、引数の情報を渡し、学習を行なうための設定をします。引数名のように変更したくない箇所は、set_fit()関数のprotect引数を使って固定できます。

```
# 学習の際の設定を入力
set_fit(
  model = "my_lm",
  eng = "lm",
  mode = "regression",
  value = list(
    interface = "formula",
    protect = c("formula", "data"),
    func = c(pkg = "stats", fun = "lm"),
    defaults = list()
  )
)
```

後述しますが、予測に使用するpredict()関数との接続をset_pred()関数で設定します。predict()関数で使用するtypeやモデルオブジェクトを設定します。

```
# 予測の際の設定を入力
set_pred(
  model = "my_lm",
  eng = "lm",
  mode = "regression",
  type = "numeric",
  value = list(
    pre = NULL,
```

```
    post = NULL,
    func = c(fun = "predict"),
    args =
      list(
        object = rlang::expr(object$fit),
        newdata = rlang::expr(new_data),
        type = "response"
      )
  )
)
```

ここまでのモデルがどのような設定になっているか、再びshow_model_info()関数を使用して確認します。

```
# my_lm()関数の設定状況の確認
show_model_info("my_lm")
```

```
Information for `my_lm`
 modes: unknown, regression

 engines:
   regression: lm

 The model can use case weights.

 no registered arguments.

 fit modules:
 engine       mode
     lm regression

 prediction modules:
         mode engine methods
   regression     lm numeric
```

続いてtranslate()関数を使って、元のlm()関数を正しく継承できているかを確認してみましょう。

```
# my_lm()がlm()関数と結びついているか確認
my_lm() %>%
  translate(engine = "lm")
```

出力
```
my lm Model Specification (regression)

Computational engine: lm

Model fit template:
stats::lm(formula = missing_arg(), data = missing_arg())
```

比較するために、linear_reg()関数にtranslate()関数を実行した結果を表示します。

```
# parsnipパッケージの開発者が作成した関数の結果を比較のために確認
linear_reg() %>%
  translate(engine = "lm")
```

出力
```
Linear Regression Model Specification (regression)

Computational engine: lm

Model fit template:
stats::lm(formula = missing_arg(), data = missing_arg(), weights = missing_arg())
```

こうして見比べてみると、同じように関数を作成できていることがわかります（引数を設定していないためlinear_reg()関数と比べてweights引数が表示されていません）。最後にfit()関数を使って学習を行ない、学習結果の確認まで実行してみましょう。

```
# 自作の線形回帰モデルの定義
my_lm_mod <- my_lm() %>%
  set_engine("lm") %>%
  set_mode("regression")

# 学習の実行
fit_ed <- my_lm_mod %>%
  fit(Sepal.Length ~ Sepal.Width, data = iris)

# 学習済みモデルの確認
fit_ed
```

出力
```
parsnip model object



Call:
stats::lm(formula = Sepal.Length ~ Sepal.Width, data = data)

Coefficients:
```

```
(Intercept)  Sepal.Width
     6.5262      -0.2234
```

lm()関数の結果とも見比べてみましょう。

```
# statsパッケージで学習した場合の結果を表示して比較
lm(Sepal.Length ~ Sepal.Width, data = iris)
```

出力

```
Call:
lm(formula = Sepal.Length ~ Sepal.Width, data = iris)

Coefficients:
(Intercept)  Sepal.Width
     6.5262      -0.2234
```

出力結果を確認すると、同じ結果が得られていることがわかります。自作のparsnipパッケージの関数を作成し、学習させることができました。他のさまざまなパッケージをparsnipパッケージの関数のように実装したい場合には、以下のリンクを参照してください。

- Tools to Register Models
  URL https://parsnip.tidymodels.org/reference/set_new_model.html
- アルゴリズム作成の流れ
  URL https://www.tidymodels.org/learn/develop/models/

2-4 yardstickパッケージによるモデルの評価

機械学習モデルがどれだけうまく予測できているのかを評価するために**評価指標**を用います。本節ではyardstickパッケージによる評価指標の出力方法について解説します。評価指標の詳細については本書で解説しません。機械学習モデルの評価指標について詳しく知りたい場合は、以下の書籍の2章を参照してください。

- 門脇大輔, 阪田隆司, 保坂桂佑, 平松雄司（著）, "Kaggleで勝つデータ分析の技術", 技術評論社, 2019.

tidymodelsの**yardstickパッケージ**には、評価指標を求めるための関数があります。予測モデルに一般的に使用される評価指標は、評価対象のデータをもとに以下のように3つに分かれます。yardstickパッケージのリファレンスページでもこの3つに分けて記述されています[注2.7]。

- 分類クラスに関する指標（Classification Metrics）
- 分類確率に関する指標（Class Probability Metrics）
- 回帰に関する指標（Regression Metrics）

本章では回帰に関する評価指標に絞って説明します。

二乗平均平方根誤差

二乗平均平方根誤差（Root Mean Squared Error；RMSE）を計算するには、まず予測値と実測値の差の二乗を計算し、その平均を出力します。二乗する理由は、予測値と実測値の差の平均を計算するだけでは、正と負の符号が打ち消しあい、小さい値となってしまう場合があるためです。二乗平均平方根誤差は符号の影響を消すために二乗に変換した後に平均を計算し、二乗のままでは単位が変わってしまうため平方根を計算します。二乗平均平方根誤差はモデルの予測値がどれだけ実測値から離れているかを認識するための示唆を提供します。

計算を実行するには、yardstickパッケージの**rmse()関数**を使用します。rmse()関数はdata、truth、estimate引数を持ちます。第一引数のdataには予測値estimateと実測値truthの両方を含むデータフレームを渡し、truthとestimateに列名を指定することで二乗平均平方根誤差を計算します。予測値と実測値をベクトルで扱いたい場合には、評価指標名の末尾に*_vec()を追加した関数を使用します。rmse()関数の場合はrmse_vec()関数となります。

平均絶対誤差

平均絶対誤差（Mean Absolute Error；MAE）は理解しやすい評価指標です。二乗の代わりに絶対値を計算することで符号の影響を消した指標が平均絶対誤差になります。この指標は、実測値から予測値までの距離の平均を表す指標であり、0に近いほど実測値に近い予測値を出力するモデルであると判断できます。yardstickパッケージでは**mae()関数**として実装されています。

その他の評価指標

表2.3に示すように、yardstickパッケージには回帰分析に使用できる評価指標が他にも用意されています。

注 2.7 "Function reference" URL https://yardstick.tidymodels.org/reference/index.html

●表2.3　yardstick パッケージに用意されている評価指標

評価指標	関数名
平均パーセント誤差（Mean Percentage Error；MPE）	mpe()
平均絶対パーセント誤差（Mean Absolute Percentage Error；MAPE）	mape()
決定係数（Coefficient of Determination）	rsq_trad()

モデルの評価

yardstickパッケージの関数を使用してみましょう。アルゴリズムによる予測値と実測値を保有しているデータを用意します。

```
# ランダムフォレストモデルを定義し学習させる
ranger_rf <- rand_forest() %>%
  set_mode("regression") %>%
  set_engine("ranger") %>%
  fit(Sale_Price ~ ., data = ames_train)

# 予測結果と元データを持ったデータを作成する
ames_test_res <- predict(ranger_rf, new_data = ames_test) %>%
  bind_cols(ames_test)

# データの先頭数行を確認
ames_test_res %>% head()
```

出力

```
# A tibble: 6 × 75
    .pred MS_SubC…¹ MS_Zo…² Lot_F…³ Lot_A…⁴ Street Alley Lot_S…⁵ Land_…⁶ Utili…⁷
    <dbl> <fct>     <fct>     <dbl>   <int> <fct>  <fct> <fct>   <fct>   <fct>
1 185458. One_Stor… Reside…     141   31770 Pave   No_A… Slight… Lvl     AllPub
2 130669. One_Stor… Reside…      80   11622 Pave   No_A… Regular Lvl     AllPub
3 154396. One_Stor… Reside…      81   14267 Pave   No_A… Slight… Lvl     AllPub
4 192920. Two_Stor… Reside…      78    9978 Pave   No_A… Slight… Lvl     AllPub
5 202314. One_Stor… Reside…      41    4920 Pave   No_A… Regular Lvl     AllPub
6 198286. Two_Stor… Reside…      60    7500 Pave   No_A… Regular Lvl     AllPub
# … with 65 more variables: Lot_Config <fct>, Land_Slope <fct>,
#   Neighborhood <fct>, Condition_1 <fct>, Condition_2 <fct>, Bldg_Type <fct>,
#   House_Style <fct>, Overall_Cond <fct>, Year_Built <int>,
#   Year_Remod_Add <int>, Roof_Style <fct>, Roof_Matl <fct>,
#   Exterior_1st <fct>, Exterior_2nd <fct>, Mas_Vnr_Type <fct>,
#   Mas_Vnr_Area <dbl>, Exter_Cond <fct>, Foundation <fct>, Bsmt_Cond <fct>,
#   Bsmt_Exposure <fct>, BsmtFin_Type_1 <fct>, BsmtFin_SF_1 <dbl>, …
# ℹ Use `colnames()` to see all variable names
```

この結果から、rmse()関数の引数に渡す列名としてtruthにはSale_Price列を、estimateには.pred列を指定します。parsnipパッケージのモデルによって予測された値は.predから始まる文字で表示されます。この名前は予測した際の列名を元のデータの列名と重複させないためのparsnipパッケージの仕様です。

```
# rmseを計算する
ames_test_res %>%
  rmse(truth = Sale_Price, estimate = .pred)
```

出力

```
# A tibble: 1 × 3
  .metric .estimator .estimate
  <chr>   <chr>          <dbl>
1 rmse    standard      25915.
```

rmse()関数を使用して、二乗平均平方根誤差を求めることができました。二乗平均平方根誤差は予測値と実測値の差に大きな差（外れ値）が存在する場合に影響を受けやすい評価指標です。予測値と実測値の差の関係を散布図で描画し、外れ値がないか確認しましょう。

```
# 予測と実測の値を散布図を使い確認する
ggplot() +
  geom_line(aes(x = Sale_Price, y = Sale_Price), data = ames_test_res, lty = 2) +
  geom_point(aes(x = Sale_Price, y = .pred), data = ames_test_res, alpha = 0.5) +
  labs(y = "Predicted Sale Price", x = "Sale Price") +
  coord_obs_pred()
```

1
2
3
4
5
6

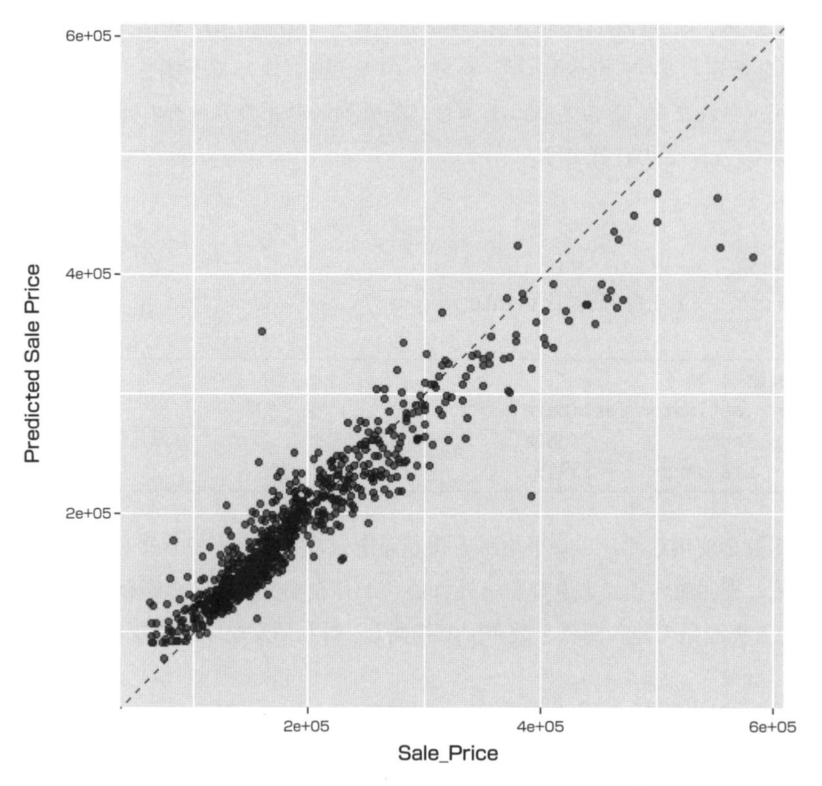

●図2.3　予測値と実測値を散布図で可視化

予測値と実測値を縦軸と横軸に配置することで、値が一致している場合には縦軸と横軸の値が一致し、右上がりの直線上に点が打たれるはずです。直線から点が離れているデータは正しく予測できていないと考えられます。図2.3では対角線上から大きく外れた値がいくつか存在していることがわかります。二乗平均平方根誤差の数値は、外れ値の影響を受けて大きな値となっている可能性が考えられます。一方、平均絶対誤差は二乗の計算を行わないため、外れ値の影響を受けにくい指標です。平均絶対誤差はmae()関数で計算できます。

```
# maeを計算する
ames_test_res %>%
  mae(truth = Sale_Price, estimate = .pred)
```

```
# A tibble: 1 × 3                                             出力
  .metric .estimator .estimate
  <chr>   <chr>          <dbl>
1 mae     standard      16840.
```

平均絶対誤差は符号の影響を考慮せず、平均的に予測値が実測値とどれだけ離れているかを示すので、この結果から"予測モデルの予測結果は平均的に16840外れている"という解釈ができます。

RMSEやMAEといった指標は有名な評価指標ですが、有名だからという理由で代表的な評価指標を1つだけ確認するのではなく、複数の指標を使いモデルの性能を多面的に確認することや、予測値と実測値の間の差がどのような傾向にあるのか可視化することがあります。これらはモデルの性能を見誤らないためのテクニックです。

metrics()関数を使用すると、評価対象のデータが回帰なのか分類なのかを関数が認識し、一般的に使用される評価指標をまとめて計算できます。

```
ames_test_res %>%
  metrics(truth = Sale_Price, estimate = .pred)
```

```
# A tibble: 3 × 3
  .metric .estimator .estimate
  <chr>   <chr>          <dbl>
1 rmse    standard   25915.
2 rsq     standard       0.903
3 mae     standard   16840.
```
出力

maeの結果だけでなく、rmseとrsqの結果も得ることができました。rmseを確認すると、予測値と実測値に25915の誤差があることを示しています。rsqの結果は1に近く、この値だけを見るとデータに対して予測モデルがよくあてはまっていると解釈することができます。ただし、rsqやrmseといった評価指標を正しく解釈するためには、その指標の欠点についての理解も必要です。ここでは関数の使い方に限って紹介し、評価指標の詳細はyardstickパッケージの公式リファレンスに譲ることとします。

metric_set()関数による複数の指標の確認

評価指標にはそれぞれ特徴があります。モデルの性能をさまざまな視点から評価するために、複数の評価指標を確認することをおすすめします。yardstickパッケージには使用したい関数を組み合わせるための**metric_set()関数**があります。metric_set()関数に計算したい評価指標の関数名を指定することで、同時に複数の評価指標で予測結果を評価できます。

```
# 計算したい関数名を指定して
# 複数の評価指標を計算するためのames_metrics()関数を作成する
ames_metrics <- metric_set(rmse, rsq, mae, mpe, mape)
```

metric_set()関数によって作られたオブジェクトは、functionクラスを持ちます。

```
# ames_metrics()関数のクラスを確認する
ames_metrics %>% class()
```

```
[1] "numeric_metric_set" "metric_set"          "function"
```

引数を確認すると、他のyardstickパッケージの評価指標を計算する関数と同様にtruthとestimateを引数に持つ関数であることがわかります。

```
# ames_metrics()関数の引数を確認するためにargs()関数を実行する
ames_metrics %>% args()
```

```
function (data, truth, estimate, na_rm = TRUE, case_weights = NULL, ...)
NULL
```

作成したames_metrics()関数に評価したい列名を渡すことで、複数の評価指標の値を同時に確認できます。

```
# データ内の予測値と実際の値を列名で指定し
# 複数の評価指標の計算結果を確認する
ames_test_res %>%
  ames_metrics(truth = Sale_Price, estimate = .pred)
```

```
# A tibble: 5 × 3
  .metric .estimator .estimate
  <chr>   <chr>          <dbl>
1 rmse    standard   25915.
2 rsq     standard       0.903
3 mae     standard   16840.
4 mpe     standard      -2.70
5 mape    standard       9.47
```

複数の評価指標を使って、さまざまな視点からモデルを評価できました。

2-5 まとめと参考文献

本章ではtidymodelsの機械学習モデルを作成するためのparsnipパッケージをtidymodelsが登場する以前の方法と比較しながら紹介しました。parsnipパッケージを利用することで、パッケージごとのさまざまな違いに苦労することが少なくなり、分析に集中することができます。また、予測の実行からyardstickパッケージでの評価指標の算出まで、データの受け渡しをスムーズに行なうことができるため、モデルの性能に関する議論もしやすくなります。

modeldataパッケージの他のデータを使う、parsnipパッケージの他のモデルを試すなど、tidymodelsの機能を利用し、その便利さを体感してみてください。

- Gareth James, Daniela Witten, Trevor Hastie, Robert Tibshirani（著）, 落海 浩, 首藤信通（翻訳）, "Rによる 統計的学習入門", 朝倉書店, 2018.
- John Nelder, Robert Wedderburn, "Generalized Linear Models". Journal of the Royal Statistical Society, p370–384、1972.
- Max Kuhn, Kjell Johnson, "Feature Engineering and Selection: A Practical Approach for Predictive Models", Chapman & Hall/CRC Data Science Series, 2019.
- Max Kuhn, Julia Silge, "Tidy Modeling With R: A Framework for Modeling in the Tidyverse", Oreilly & Associates Inc, 2022.
- 門脇大輔, 阪田隆司, 保坂桂佑, 平松雄司（著）, "Kaggleで勝つデータ分析の技術", 技術評論社, 2019.

第3章

分類モデルの作成

本章ではtidymodelsのparsnipパッケージとyardstickパッケージを使い、分類を行なう機械学習モデルを作成します。分類モデルの例として、2章で紹介した線形回帰を発展させたロジスティック回帰を取り上げ、分類モデルの性能評価についても紹介します。

本章の内容

3-1 分類モデルとは

前章では目的変数が数値をとる回帰について説明しました。本章で解説する分類とは、目的変数が属するのはクラス（ラベル）で、未知のデータのクラスを予測する問題です。以下のような例が分類問題です。

- 検査を受けた人が、病気であるのか、病気でないのか
- 商品紹介のWebサイトに訪れた人が商品を、購入するか、購入しないか

"病気である"、"病気ではない"は文字情報ですが、どちらか一方を"1"、もう一方を"0"とすることで、数値として扱うことができます。さらに"病気である＝1"を"病気である確率＝1"、"病気ではない=0"を"病気である確率＝0"と解釈し、病気であるかどうかを0～1の値で出力すれば、属するクラスの確率として考えることができます。0～1の間の数値は"ある値よりも大きければ1に切り上げる、それ以外は0とする"という処理によって最終的な結果を1もしくは0に変換できます。このような2種類のクラスを予測する問題を**2クラス分類問題**と呼びます（3クラス以上の場合はマルチクラス分類問題と呼びます）。

3-2 parsnipパッケージのpredict()関数の扱い方

分類モデルの作成方法を解説する前に、予測を行なう関数である`predict()`関数とparsnipパッケージの関係を紹介します。

予測モデルを作成し、学習を行なった後に予測値を出力するには**`predict()`関数**を使用します。`predict()`関数には、"予測モデル"と"データ"を入力します。parsnipパッケージが登場する以前は、さまざまな開発者によって実装された機械学習のパッケージが利用されていました。それぞれのパッケージで作成した学習済みモデルは、異なるクラスのオブジェクトとしての性質を持っていました。しかし、R言語ではクラスが異なるにもかかわらず、多くの学習済みモデルが`predict()`関数という1つの関数で予測を実行できるのです。

少し踏み込んだ説明をすると、`predict()`関数が万能というわけではなく、表面的にはただ1つの`predict()`関数を実行しているように見えますが、入力されるオブジェクトのクラスによって異なる挙動（メソッド）を呼び出し、さまざまなクラスに対応しているのです。このように、

異なる性質のオブジェクトを表面的には同じ関数として扱うことができるようにした関数を**ジェネリック関数**と呼びます。

前述した通り、分類モデルにもさまざまな種類があり、それぞれのパッケージで作成されるクラスが異なります。`predict()`関数では性質の異なるオブジェクトごとに異なるメソッドが定義されています。メソッドの実装方法もパッケージの開発者ごとに異なっているため、`predict()`関数の引数の設定もパッケージごとに覚えなくてはなりませんでした。一例として、表3.1に"連続的な確率（0～1の間の値)"を選択した場合の引数の設定方法の違いをパッケージごとに記載しました。

●表3.1 predict()関数の引数の設定方法

予測モデルを作成する関数	パッケージ	predict()関数の引数の設定方法
lda	MASS	predict(obj)
glm	stats	predict(obj, type = "response")
gbm	gbm	predict(obj, type = "response", n.trees)
mda	mda	predict(obj, type = "posterior")
rpart	rpart	predict(obj, type = "prob")
Weka	RWeka	predict(obj, type = "probability")
logitboost	logitboost	predict(obj, type = "raw", nIter)
pamr.train	pamr	pamr.predict(obj, type = "posterior", threshold)

パッケージごとにこのような差異が発生し、そのたびにユーザが調整する必要があります。

parsnipパッケージは機械学習モデルを実装しているパッケージに依存することなく、parsnipパッケージの`predict()`関数の引数を覚えるだけで、どのようなパッケージを利用していても同じ種類の出力が得られるように設計されています。`predict()`関数の`object`引数には、parsnipパッケージで作成した学習済みモデルを渡します。`new_data`引数には予測したいデータを渡します。必要な出力の種類に応じて`type`引数を指定します。詳細にはふれませんが、`type`引数に指定できる出力の種類には以下があります。

```
"numeric", "class", "prob", "conf_int", "pred_int", "quantile", "time", "hazard",
"survival", "raw"
```

`type`引数がNULLの場合、`predict()`関数は機械学習モデルと設定した動作モードに基づいて、適切な`type`を選択します。前章と本章では、回帰と分類を取り上げており、表3.2に挙げる3つの`type`を指定しています[注3.1]。

注3.1 parsnipパッケージで実装されているpredict()関数のリファレンスページ URL https://parsnip.tidymodels.org/reference/predict.model_fit.html

●表3.2　typeの説明

predict()関数に指定するtype	説明	問題の種類
type = "numeric"	数値を出力	回帰
type = "class"	0, 1のように離散値でクラスを出力	分類
type = "prob"	0～1の確率を出力	分類

parsnipパッケージで作成した機械学習モデルを使って予測した予測値の列名は、あらかじめ決まっています。一部の例外を除いて、数値のときは`.pred`、クラスを予測するときは`.pred_class`、確率を予測するときは`.pred_levels`(`levels`には各クラスの名前)のように表示されます。これは元のデータの列名と重複しないためのparsnipパッケージの工夫です。

3-3 parsnipパッケージによる分類モデルの作成

ここからは実際にparsnipパッケージの関数を使い、分類を行なうための予測モデルを作ります。

ロジスティック回帰

分類モデルを作成するにあたり、はじめに**ロジスティック回帰**（Logistic Regression）と呼ばれる分類モデルを紹介します。かんたんな解説に留めますので、詳細については以下の書籍を参考にしてください。

- Gareth James, Daniela Witten（著）, 落海 浩, 首藤 信通（翻訳）, "Rによる統計的学習入門", 朝倉書店, 2018.

ロジスティック回帰は、1つまたは複数の説明変数と、2クラスの目的変数の間の関係性を分析する手法です。ロジスティック回帰には、線形回帰と同じ理論が利用されています。しかし、線形回帰モデルに0～1の間の数値しか出力しないような制限を設けることはできません。そのため、線形回帰の出力を0～1の間の値に変換する処理を挟むことで、線形回帰を分類モデルとして利用する方法を考えてみます。

関数による値の変換

線形回帰モデルの出力結果を目的変数の範囲に収めるため、関数を使って変換します。以下の式のfは変換のための関数を表しています。

$$y = f(ax + b)$$

線形回帰モデルの出力を0～1の間に変換するために、ロジスティック関数（Logistic Function）を使うことにします。ロジスティック関数は以下のような計算式で表せます。

$$f(x) = \frac{1}{1 + \exp^{-x}}$$

xの値に－5～＋5の間の値を入力して、ロジスティック関数による変換後の値がどのようになるか確認してみます。

```
# 機械学習モデルを作成するためのtidymodelsパッケージと
# データ操作のためのtidyverseパッケージの読み込み
library(tidyverse)
library(tidymodels)
```

ロジスティック関数の可視化のために`seq()`関数を使って－5～＋5までの間で等間隔な値を100個作成します。これを`x`とし、ロジスティック関数によって変換します。変換後の値を`f_x`とします。

```
# ロジスティック関数の可視化のためのデータ作成
x <- seq(-5, 5, length = 100)
f_x <- 1/(1 + exp(-1 * x))

# 変換後の値を可視化
tibble(x = x, f_x = f_x) %>%
  ggplot(aes(x = x, y = f_x)) +
  geom_point()
```

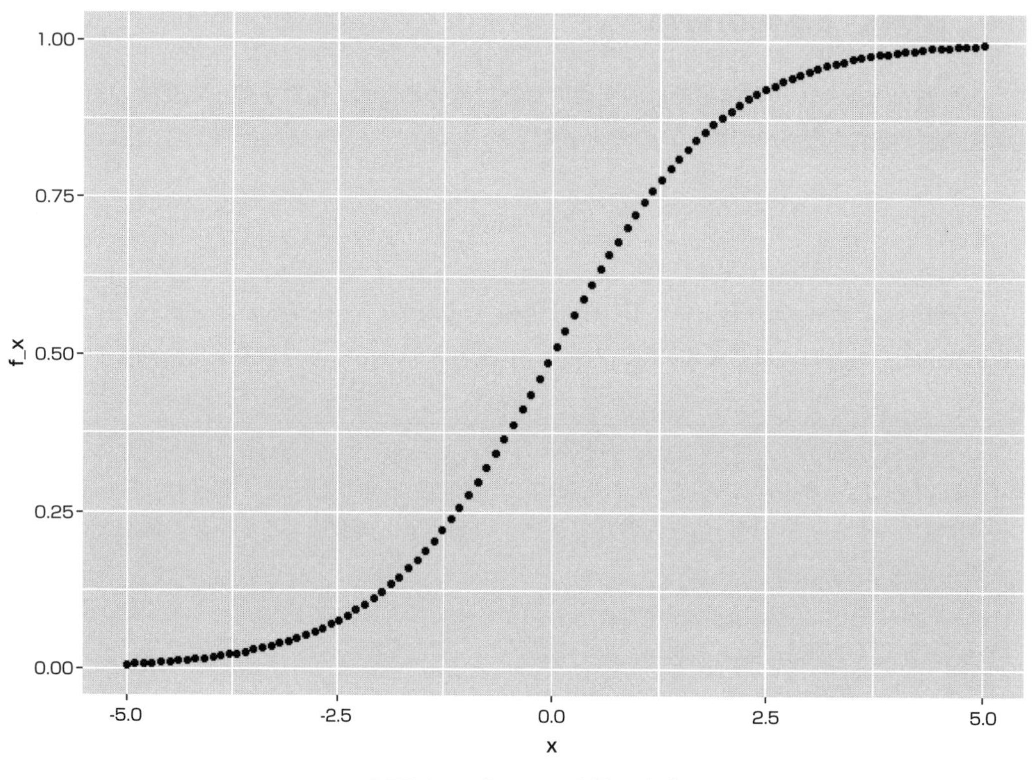

●図3.1　ロジスティック関数の可視化

x軸の値は上限と下限がない範囲の値をとることができますが、変換後の値（**f_x**）は0～1の範囲に変換されていることがわかります（図3.1）。

ここで、**x**を線形回帰モデルの出力と考えた場合、モデルの出力を関数で変換した値が予測対象のクラス（0, 1）に近づくような係数を適切に求めることで、線形回帰モデルを利用して確率を出力するモデルが作成できます。このように、さまざまな問題を線形回帰モデルで解くために生み出された手法を**一般化線形モデル（Generalized Linear Model；GLM）**と呼びます。

ロジスティック回帰モデルの作成

ロジスティック回帰モデルをparsnipパッケージを使って実行します。ここで使用するbivariateデータは、2つの説明変数AとB、および目的変数Classを持ち、学習用、評価用、検証用の3つのデータセットがあります。ここでは学習用のbivariate_trainデータを使用します。

```
# bivariate_trainデータの先頭数行を確認
bivariate_train %>%
  head()
```

```
# A tibble: 6 × 3
      A     B Class
  <dbl> <dbl> <fct>
1 3279. 155.  One
2 1727.  84.6 Two
3 1195. 101.  One
4 1027.  68.7 Two
5 1036.  73.4 One
6 1434.  79.5 One
```

次にデータを可視化します（図3.2）。

```
# bivariateデータの説明変数と目的変数の関係の可視化
# 表示の都合上、各クラス10個のデータに絞っている
bivariate_train %>%
  group_by(Class) %>%
  slice(1:10) %>%
  ggplot(aes(x = A, y = B, shape = Class)) +
  geom_point(alpha = 0.6, size = 4)
```

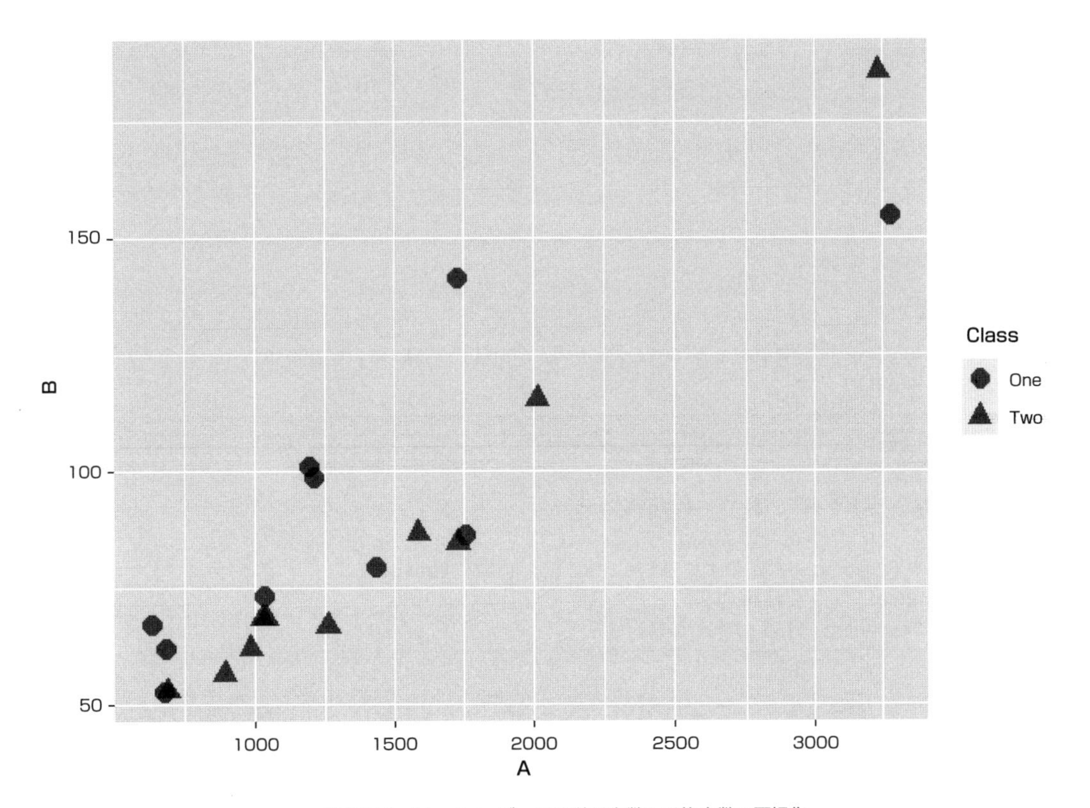

図3.2　bivariateデータの説明変数と目的変数の可視化

説明変数であるAとBを軸にとり、2つのクラスが混ざりあっていることがわかります。ロジスティック回帰は単純な分類モデルであるため、複雑に混ざりあったデータを分類する目的には適していませんが、前処理を施すことで分類できることがあります。今回は前処理を施さず、そのままのデータでモデルを作成します。

 分類モデルの作成

parsnipパッケージによる分類モデルを作成します。parsnipパッケージからロジスティック回帰を行なうためのlogistic_reg()関数を呼び出し、動作モードにclassification、動作エンジンにglmを指定します。定義したモデルにfit()関数を適用し、学習に使用するデータ、目的変数、説明変数を指定します。

```
# 分類モデルの例を示すためロジスティック回帰モデルを定義する
log_clf <- logistic_reg() %>%
  set_mode("classification") %>%
  set_engine("glm")

# fit()関数で学習を実行する
log_clf_fit <- log_clf %>%
  fit(Class ~ A + B , data=bivariate_train)

# 学習済みのモデルの確認
log_clf_fit
```

出力

```
parsnip model object


Call:  stats::glm(formula = Class ~ A + B, family = stats::binomial,
    data = data)

Coefficients:
(Intercept)            A            B
   1.731243     0.002622    -0.064411

Degrees of Freedom: 1008 Total (i.e. Null);  1006 Residual
Null Deviance:	    1329
Residual Deviance: 1133 	AIC: 1139
```

学習済みモデルの結果を数値から解釈することは難しいため、学習済みのモデルが説明変数をどのような基準で2つのクラスに分類しているのか、作図することで確認してみましょう。

学習データの変数Aと変数Bの最大最小の値に対して等間隔に100個のデータを作り、これ

らを組み合わせたデータをpredict()関数の入力データとして、どの値の組み合わせのときにどちらのクラスに分類されるのか確認してみましょう。

```
# 分類の判別境界を可視化するためのデータ作成
grid_A <- seq(max(bivariate_train$A),min(bivariate_train$A),length = 100)
grid_B <- seq(max(bivariate_train$B),min(bivariate_train$B),length = 100)
grid_AB <- expand_grid(A = grid_A, B = grid_B)

# 予測の実行と作図
predict(log_clf_fit, new_data = grid_AB) %>%
  bind_cols(grid_AB) %>%
  ggplot(aes(x = A, y = B)) +
  geom_tile(aes(fill = .pred_class))
```

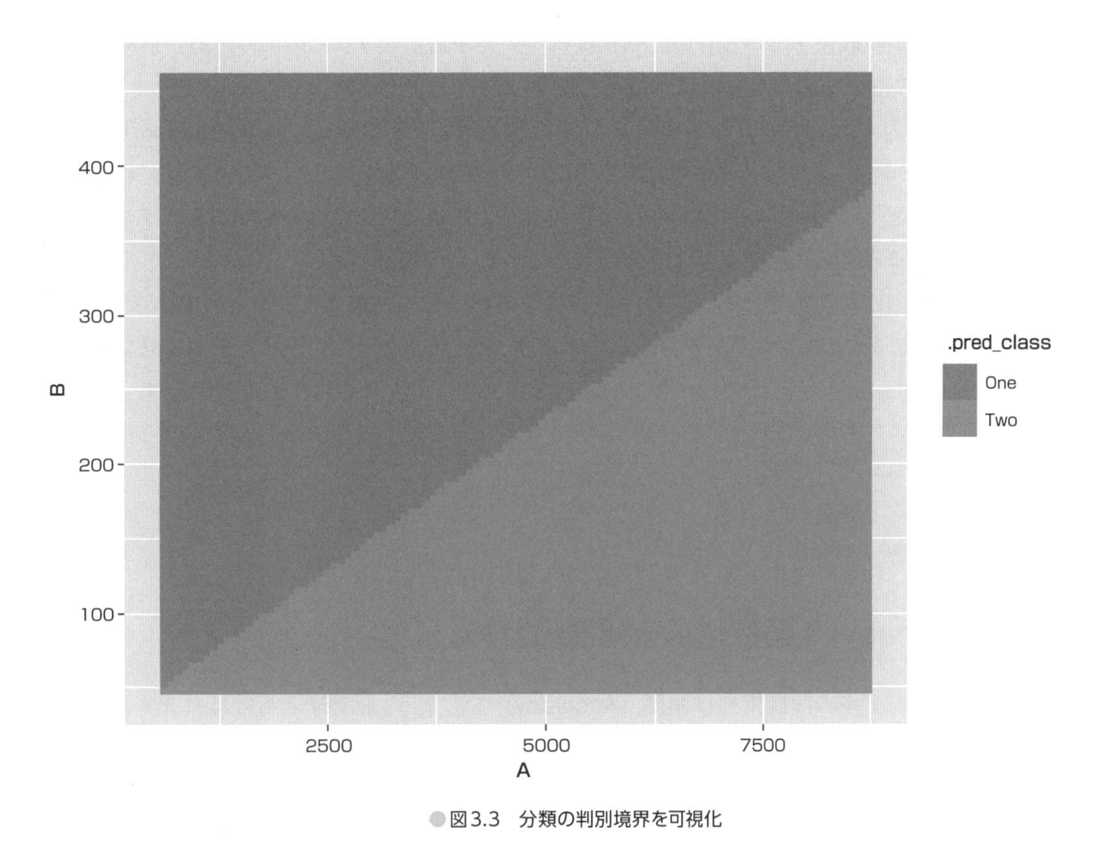

図3.3　分類の判別境界を可視化

図3.3に示すように、ロジスティック回帰は変数空間を線形に分割するアルゴリズムであることが確認できました。このようにクラスが変数空間で線形に分かれる場合にはロジスティック回帰モデルが適していますが、クラスが複雑に変数空間で混ざっている場合にはより複雑な関

係性を表現できるモデルを選択する必要があります。または、元のデータに非線形な変換を施すことで単純なモデルでも分類可能にする方法もあります。

3-4 yardstickパッケージによる離散値の評価指標

2クラス分類のモデルには、予測出力を0～1の間の連続的な値で確率（Probability）として得るか、0か1の離散的な値（Class）で出力を得るかの2通りのモデルがあります。yardstickパッケージの関数のリファレンスページでも、これらの機械学習モデルの出力に対応するように"Classification Metrics"と"Class Probability Metrics"は分けて記載されています。本節では、モデルの出力が離散値をとるときの評価指標について解説します。モデルの出力が連続的な確率をとるときの評価指標については、次節で解説します。

離散値で出力するモデルとして有名なものに、サポートベクターマシン（Support-Vector Machine；SVM）があります。0から1までの間の連続的な値として出力するモデルには、ロジスティック回帰、ランダムフォレストなどがあります。連続的な値を離散値であるクラスに変換する方法は単に閾値を設定するだけです。

モデルの出力が離散値をとるときの評価指標を求めるには、前章で紹介したyardstickパッケージを利用します。まずはデータを読み込みます。2種類のクラスの正解と予測結果で構成されているtwo_class_exampleデータをmodeldataパッケージから呼び出し、分類結果に対して評価指標を求めてみましょう。

```
# two_class_exampleの読み込み
data(two_class_example)
```

accuracy()関数による精度の計算

有名な分類モデルの評価指標は**精度（Accuracy）**でしょう。正答率とも呼ばれます。精度は予測したクラスが実際のクラスと一致した比率で表します。精度が1に近いほど予測モデルは優れていると判断でき、0に近いほどモデルは実際のクラスと異なったクラスを予測をしていることになります。

精度をyardstickパッケージの関数で計算するには**accuracy()関数**を利用します。accuracy()関数には離散的な値を入力します。two_class_exampleデータのpredicted列にはクラスを予測した結果があるため、これをestimate引数に渡します。truth引数にも正解のクラスであるtruth列を渡します。

yardstickパッケージの評価指標を計算する関数の引数には、data、truth、estimateを指定できます。実行結果として得られるtibble形式の表を確認すると.metric列に計算した評価指標の名前、.estimator列に計算対象が2クラス（binary）であるか多クラス（multiclass）であるか、.estimate列に評価指標による計算結果が表示されていることがわかります。

```
# 2クラスの結果に対する性能評価
two_class_example %>%
  accuracy(truth = truth, estimate = predicted)
```

出力
```
# A tibble: 1 × 3
  .metric  .estimator .estimate
  <chr>    <chr>          <dbl>
1 accuracy binary         0.838
```

yardstickパッケージにはマルチクラス分類問題に対応している関数もあります。マルチクラスの予測結果を含むhpc_cvデータを使い、マルチクラス分類の精度を確認してみましょう。

```
# マルチクラスの結果に対する性能評価
data(hpc_cv)

hpc_cv %>%
  accuracy(truth = obs, estimate = pred)
```

出力
```
# A tibble: 1 × 3
  .metric  .estimator .estimate
  <chr>    <chr>          <dbl>
1 accuracy multiclass     0.709
```

.estimator列がマルチクラス分類の結果であることを示すmulticlassになっていることが確認できました。

分類モデルの評価指標には精度以外にもさまざまな指標があります。どの評価指標を選ぶのが適切かを理解するため、次項から代表的な分類モデルの評価指標を紹介します。

有名な評価指標であっても万能ではない

精度は有名な指標ではありますが、万能な指標ではありません。精度のみでモデルの良し悪しを判断してしまうと、求めていた性能の機械学習モデルと異なるモデルが得られてしまう可能性があります。例としてウイルスの検査薬の能力を評価する場面を考えてみましょう。
ウイルスに感染しているか、していないかわからない被験者10万人を集め、全員に検査を行ないました。その結果、ウイルスの検査薬の精度は0.999（99.9%）であることがわかりました。一見すると素晴らしい精度であり、ウイルスの検査薬は有用に見えます。本当にそうでしょうか？ 予測をはずしてしまった0.1%を考えると、100人は誤った診断をされている計算になります。ウイルスが検査によって見逃されることで取り返しのつかない事態になる場合、この100人程度ならばはずしても大丈夫と主張できるでしょうか？ このような場合には、ウイルスに感染している人を絶対に見逃さない検査薬が求められます。精度の基準を上げる、または、精度ではなくウイルスに本当に感染している人を見逃さないことを評価できる指標を用意する必要があります。ウイルスに感染していると判断されたが本当は感染していないと誤診されてしまう場合も考えられます。この場合には、診断結果を受け取った人に不要な精神的ストレスをかけてしまうだけでなく、緊急手術が必要となれば身体的に負荷をかけてしまう可能性もあります。"間違って感染していると診断していないか"を判断する指標が必要です。
他にも精度だけでモデルを評価すると危険な例を挙げます。例えば10万人のうち100人しか感染していないウイルスであった場合、"ウイルスに感染していない"と決めつけて診断するだけでも精度は99.9%です。このように、2つのクラス間にデータ量の差があるデータ（不均衡データ）を精度のみで評価することは危険です。
分類モデルが求めている目的に適しているかどうかを正しく評価するためにも、評価指標の正しい選択もまた重要であるということをご理解いただけたでしょうか。

conf_mat()関数による混同行列

予測の正解・不正解をより深く観察するために**混同行列（Confusion Matrix）**を用います。混同行列は単一の数値ではなく、予測（Prediction）と実際のデータ（Truth）を表形式で表現し、予測結果を確認するものです。

混同行列は全体のデータ数を確認しつつ、予測モデルがどのような種類の誤った予測をしているのかについての洞察を提供します。yardstickパッケージの**conf_mat()関数**を使用することで、混同行列を出力できます。

```
# 混同行列の確認
two_class_example %>%
  conf_mat(truth = truth, estimate = predicted)
```

```
          Truth
Prediction Class1 Class2
    Class1    227     50
    Class2     31    192
```

出力された表の内容については後述します。混同行列はggplot2パッケージと組み合わせることで、視覚的に理解しやすい表示が可能です。

以下で記述している**autoplot()関数**は、tidymodelsを用いて分析を行なう中でさまざまな種類の可視化を行なう際に登場します。この関数も`predict()`関数と同様にジェネリック関数であり、入力されるオブジェクトに応じて実行される処理や表示される結果が異なります。図3.4は`type`引数に`mosaic`を指定して可視化した例です。

```
# 混同行列の可視化方法、type引数に"mosaic"を指定した場合
two_class_example %>%
  conf_mat(truth = truth, estimate = predicted) %>%
  autoplot(type = "mosaic")
```

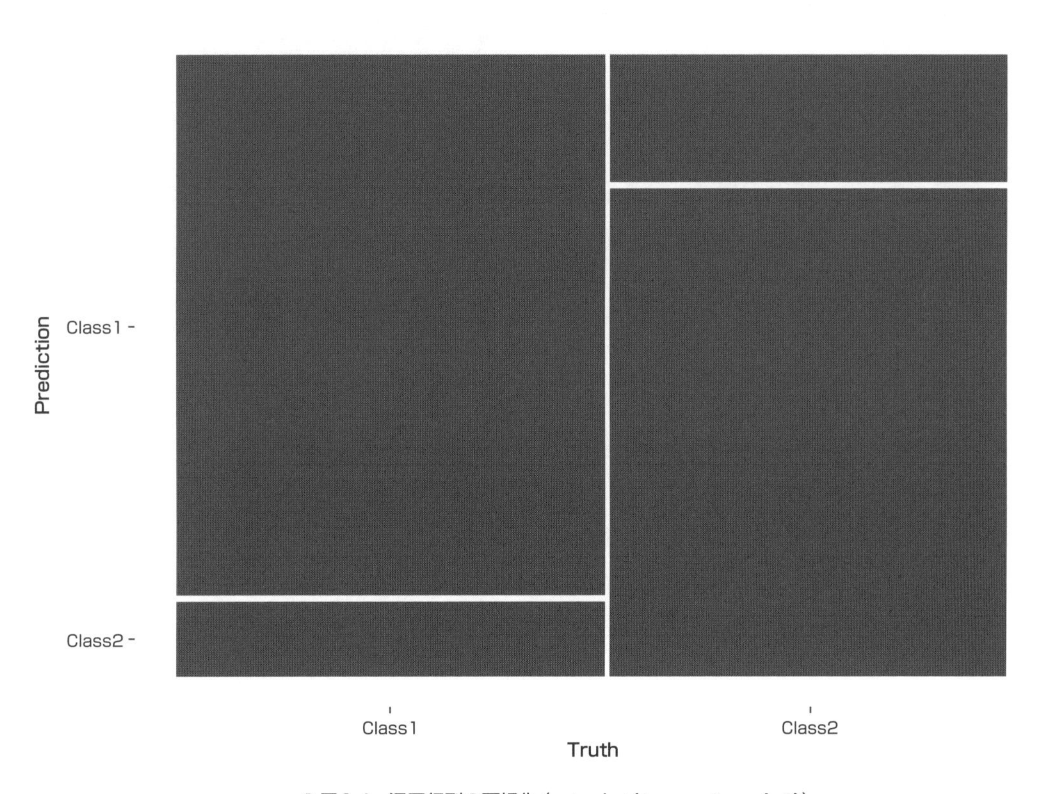

図3.4 混同行列の可視化（autoplot(type = "mosaic")）

type引数に**heatmap**を指定することで、予測結果（Prediction）を行、正解のクラス（Truth）を列にとる混同行列が可視化できました（図3.5）。

```
# 混同行列の可視化方法、type引数に"heatmap"を指定した場合
two_class_example %>%
  conf_mat(truth = truth, estimate = predicted) %>%
  autoplot(type = "heatmap")
```

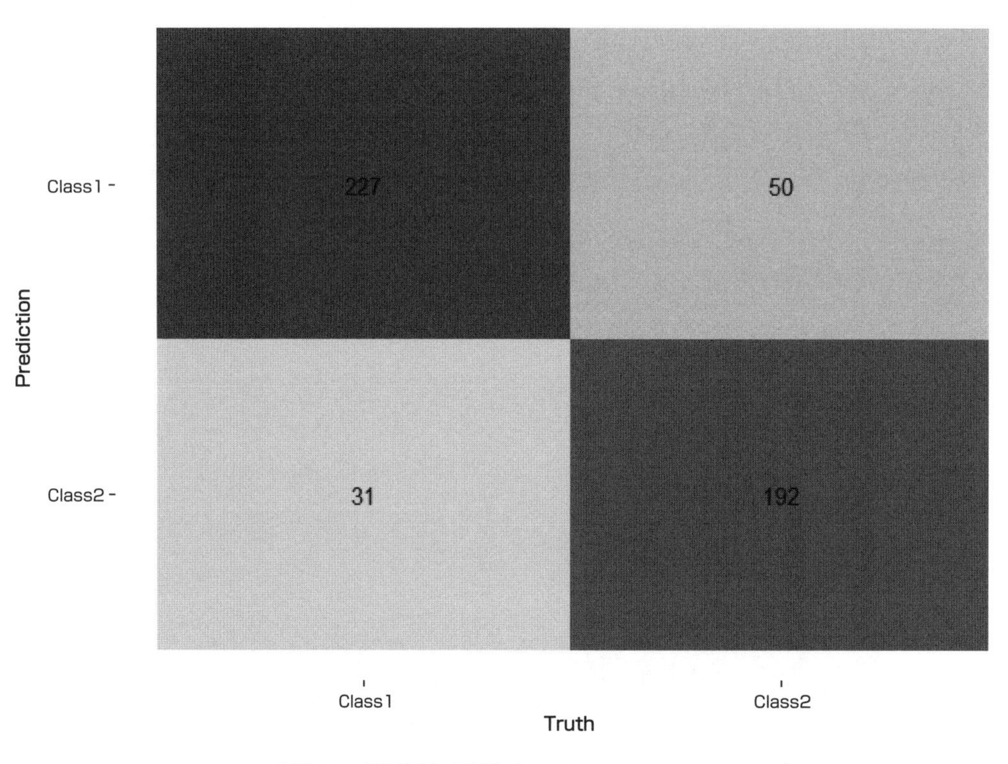

●図3.5　混同行列の可視化（autoplot(type = "heatmap")）

混同行列は、分類モデルが予測（Prediction）した値と、実際のデータ（Truth）の正誤によって、図3.6に示すように4つの領域に分けられます。

		実際のデータ（Truth）	
		Positive	Negative
予測（Prediction）	Positive	True Positive（TP）	False Positive（FP）
	Negative	False Negative（FN）	True Negative（TN）

●図3.6　混同行列

"**Positive**"は**陽性**を意味し、"**Negative**"は**陰性**を意味します。陽性とは医学の検査で、"ある刺激に対して反応が現れること"です。混同行列では2クラスのどちらかをPositiveとし、もう一方をNegativeとして評価します。4つの領域は以下のように説明できます。

- **True Positive（TP）**：観測されたデータがPositiveであるとき、予測モデルも正しくPositiveと出力した場合にカウントされる個数
- **True Negative（TN）**：観測されたデータがNegativeであるとき、予測モデルも正しくNegativeと出力した場合にカウントされる個数
- **False Positive（FP）**：観測されたデータはNegativeであるが、予測モデルがPositiveであると間違った場合にカウントされる個数
- **False Negative（FN）**：観測されたデータはPositiveであるが、予測モデルがNegativeであると間違った場合にカウントされる個数

優れた予測モデルをもとに混同行列を作成すると、対角の要素であるTP、TNにほとんどのサンプルが含まれます。

ここであらためて図3.5の4つの領域の数値を確認すると、以下のようなことがわかります。

- 列方向に足し合わせると、Class1は合計で227 + 31 = 258、Class2は50 + 192 = 242となり、足し合わせると500件のデータであることがわかる
- 極端な偏りがあると判断するほどではないが、Class1がClass2に比べて多いことが確認できた
- Class1をPositiveと考えた場合、実際のデータがClass1であるデータに対し予測もClass1と出力した数（True Positive）は277、実際のデータがClass2であるデータに対し予測もClass2と出力した数（True Negative）は192
- 実際のデータがClass1であるが予測モデルはClass2と出力した数（False Negative）は31、実際のデータがClass2であるが予測モデルはClass1と出力した数（False Positive）は50である

混同行列を確認することで、クラスに偏りがあるかを判断できます。もし、クラスの偏りに問題がないようであれば、より複雑なデータにも対応できるモデルを選択することで、誤ったクラスを出力しないようなモデルが作成できるかもしれません[注3.2]。このように混同行列を利用することで、仮説を立て、その後の検証にもつながります。

注3.2　1章「1-5 recipesパッケージによる前処理」では、themisパッケージを使った偏りのあるデータ（不均衡データ）への対応方法を紹介しているので、そちらも参考にしてください。

 混同行列をもとにした評価指標

混同行列の各要素の結果をもとに、さまざまな割合を計算できます。ここではこの割合から算出できる評価指標について紹介します。

感度（Sensitivity）は、再現率（Recall）、真陽性率（True Positive Rate；TPR）とも呼ばれ、以下の計算によって求められる値です。この指標はPositiveクラスをどれだけ予測できたかを表す評価指標です。本来Positiveであったすべてのサンプルのうち、モデルがどれだけの割合でPositiveを予測できたかを求めます。

$$Sensitivity = TruePositive \,/\, (TruePositive + FalseNegative)$$

特異度（Specificity）は、真陰性率（True Negative Rate;TNR）とも呼ばれ、以下の計算によって求められる値です。この指標はNegativeクラスがどれだけ予測されたかを評価します。本来Negativeであったすべてのサンプルのうち、モデルがどれだけの割合でNegativeと予測できたかを求めます。

$$Specificity = TrueNegative \,/\, (FalsePositive + TrueNegative)$$

適合率（Precision）は、適合度、陽性的中率（Positive Predictive Value；PPV）とも呼ばれ、以下のように求めます。モデルがPositiveと予測した結果の中で、どれだけ真にPositiveであったかを表します。

$$Precision = TruePositive \,/\, (\, TruePositive + FalsePositive \,)$$

陰性的中率（Negative Predictive Value；NPV）は、モデルがNegativeと予測した結果の中で、どれだけ真にNegativeであったかを表す指標です。以下のように求めます。

$$NPV = TrueNegative \,/\, (\, TrueNegative + FalseNegative \,)$$

F値（F1-score, F1-measure）は、適合率と再現率の調和平均で計算されます。

$$F1 - score = (1 + 1^2) \times Precision \times Recall \,/\, ((1^2 \times Precision) + Recall)$$

適合率・再現率の重みを調整するβを導入したF_β-scoreもあります。

$$F_\beta\text{ - }score = (1+\beta^2)\times Precision\times Recall/((\beta^2\times Precision)+Recall)$$

Precisionの前のβを調整することにより、PrecisionもしくはRecallのどちらを重視するかを調整することができます。このようにβで調節を可能にしたF値はF_β-scoreと呼びます。βが1のとき、一般的にF値と呼びます。

F値は特異度を考慮しないため、クラスが不均衡なデータに対して使用した際に誤った解釈を導いてしまう可能性があります。不均衡なデータに対しては、マシューズ相関係数（Matthews Correlation coefficient）やコーエンのカッパ（Cohen's Kappa）などの評価指標が推奨されます。

出力が離散値をとるときの代表的な評価指標を紹介してきました。これらを計算するyardstickパッケージの関数を表3.3にまとめます。

●表3.3　離散的なクラスに対する評価指標の一部とyardstickパッケージの関数の対応

評価指標の名前	評価指標の説明	yardstickパッケージでの関数
精度（正答率）	予測したクラスが真のクラスといくつ一致したかの比率	accuracy()
混同行列	予測と真のデータをクロス集計表で表現したもの	conf_mat()
感度（真陽性率、再現率）	Positiveクラスをどれだけ予測できたか	sensitivity(), sens(), recall()
特異度（真陰性率）	Negativeクラスがどれだけ予測できたか	spec(), specificity()
適合率（適合度、陽性的中率）	モデルがPositiveと予測した結果の中で、どれだけ真にPositiveであったか	precision(), ppv()
陰性的中率	モデルがNegativeと予測した中で、どれだけ真にNegativeであったか	npv()
F値	適合率と再現率のバランスをとった調和平均	f_meas()

3-5 yardstickパッケージによる連続的な確率に対する評価指標

本節では、機械学習モデルの出力が連続的な確率をとるときの評価指標について解説します。

roc_curve() 関数によるROC曲線

モデルのクラスを分離する性能がどれだけ高いかを評価する方法の1つに**ROC曲線**があります。ROCは**受信者動作特性（Receiver Operating Characteristic；ROC）**の頭文字です。

クラスの予測が0～1の間の連続的な値で出力される場合、閾値を変化させると0と1に割り振られるデータの個数は閾値にともなって変化します。一般的に0.5を基準に、0.5よりも小さい値が0に、0.5以上の値が1に割り振られますが、この閾値を変化させた際のモデルの感度と偽陽性率（後述）の関係を描画したものがROC曲線です。ROC曲線は感度を縦軸に、偽陽性率を横軸に配置した散布図です。

縦軸にとる感度については前節で解説しました。横軸の**偽陽性率**は以下のように求めます。偽陽性率は1から特異度を引いた値と一致します。

$$FalsePositiveRate = FalsePositive / (FalsePositive + TrueNegative) = 1 - specificity$$

ROC曲線は、yardstickパッケージの**roc_curve()関数**で計算できます。

```
# ROC曲線の計算と計算結果の先頭数行を確認する
two_class_curve <- roc_curve(two_class_example, truth, Class1)
two_class_curve %>% head()
```

出力
```
# A tibble: 6 × 3
  .threshold specificity sensitivity
       <dbl>       <dbl>       <dbl>
1 -Inf         0                   1
2    1.79e-7   0                   1
3    4.50e-6   0.00413             1
4    5.81e-6   0.00826             1
5    5.92e-6   0.0124              1
6    1.22e-5   0.0165              1
```

roc_curve()関数を実行すると、特異度（specificity）と感度（sensitivity）の計算結果が表示されます。続いてautoplot()関数によって感度と偽陽性率に変換し、それぞれの値を線でつなぎ可視化します（図3.7）。

```
# ROC曲線の可視化
autoplot(two_class_curve)
```

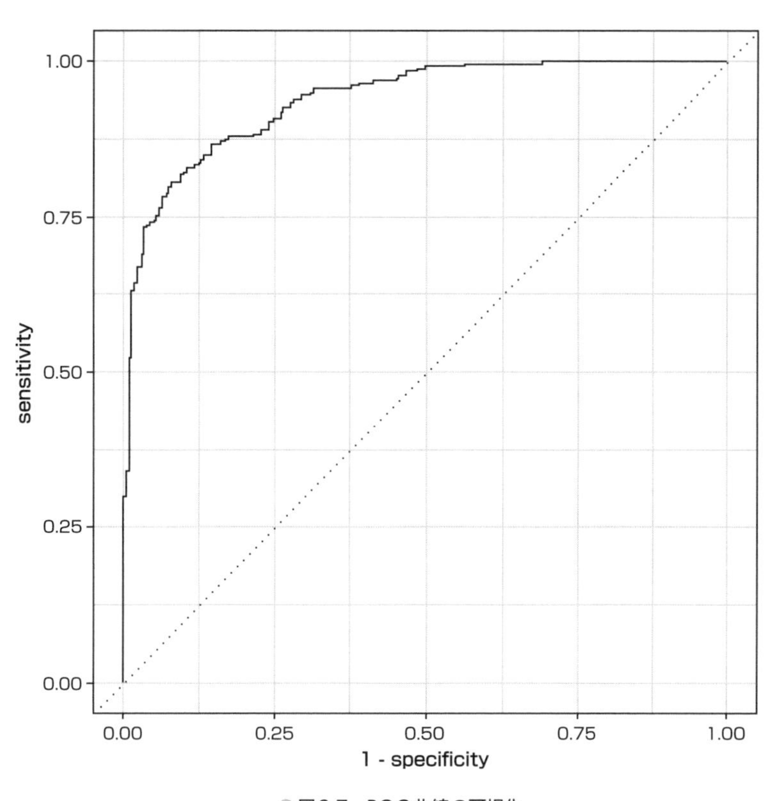

●図3.7　ROC曲線の可視化

もし閾値を変更することで2つのクラスを完全に分類することが可能なモデルであれば、完全に分離する閾値で感度と偽陽性率がともに1になります。そのため、図の左上に点を打つようなモデルは予測性能の良いモデルと考えることができます。感度と偽陽性率が1にならずとも、左上の領域に点が多いモデルは高いクラスの分離能力を持つと判断することができます。

複数のROC曲線を描画

`roc_curve()`関数の結果を`geom_path()`関数で結合することによって、複数のモデルのROC曲線を比較できます。今回はランダムフォレストを予測モデルとして選択し、パラメータを変化させることで異なる予測結果を出力する機械学習モデルを作成します。それぞれの出力結果をROC曲線を使い1つの図の中に描画してみましょう（図3.8）。

```
# モデル1:rangerパッケージに木の数2000、無作為抽出する変数の数1でランダムフォレストを作成させ、
# モデルの予測結果を元のデータに結合させる
rand_1_res <- rand_forest(mtry = 1, trees = 20000) %>%
  set_engine("ranger", importance = "impurity") %>%
  set_mode("classification") %>%
  fit(Class~., data = two_class_dat) %>%
  predict(two_class_dat, type = "prob") %>%
  bind_cols(two_class_dat) %>%
  roc_curve(truth = Class, estimate = .pred_Class1)

# モデル2:rangerパッケージに木の数5、無作為抽出する変数の数1でランダムフォレストを作成させ
# モデルの予測結果を元のデータに結合させる
rand_2_res <- rand_forest(mtry = 1, trees = 5) %>%
  set_engine("ranger", importance = "impurity") %>%
  set_mode("classification") %>%
  fit(Class~., data = two_class_dat) %>%
  predict(two_class_dat, type = "prob") %>%
  bind_cols(two_class_dat) %>%
  roc_curve(truth = Class, estimate = .pred_Class1)

# モデル3:rangerパッケージに木の数2、無作為抽出する変数の数1でランダムフォレストを作成させ
# モデルの予測結果を元のデータに結合させる
rand_3_res <- rand_forest(mtry = 1, trees = 2) %>%
  set_engine("ranger", importance = "impurity") %>%
  set_mode("classification") %>%
  fit(Class~., data = two_class_dat) %>%
  predict(two_class_dat, type = "prob") %>%
  bind_cols(two_class_dat) %>%
  roc_curve(truth = Class, estimate = .pred_Class1)

# モデル1のroc曲線をautoplot()関数で描画
autoplot(rand_1_res) +
  #モデル2のroc曲線をgeom_path()関数で描画
  geom_path(
    data = rand_2_res,
    linetype = "dashed",
    aes(x = 1 - specificity, y = sensitivity),
    col = "skyblue"
  ) +

  # モデル2のroc曲線をgeom_path()関数で描画
  geom_path(
    data = rand_3_res,
    linetype = "longdash",
    aes(x = 1 - specificity, y = sensitivity),
    col = "orange")
```

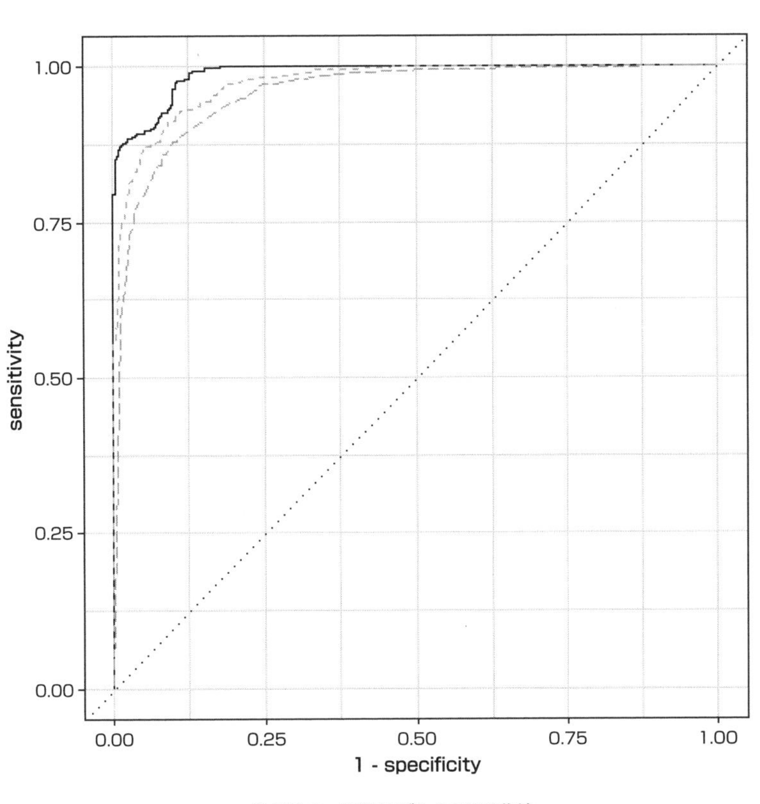

●図3.8　複数モデルのROC曲線

複数のROC曲線を同時に描画することで、実線で描かれたモデル1（木の数2,000、無作為抽出する変数の数1）が最も左上に多くの点を持つことがわかりました。複数のアルゴリズムをROC曲線を使い視覚的に比較することで、分析対象にどのモデルを使用することが好ましいか判断する手がかりを得ることができます。

 ROC曲線によるモデル性能の定量化

ROC曲線を可視化し、左上の領域に点が多く存在している状態を数値的に確認する方法を紹介します。ROC曲線で描かれる図を正方形としたとき、正方形の面積を1と考えると、予測能力の低い分類モデルのROC曲線は対角線を描くと前述しました。その際の曲線の下側面積は0.5です。完全にクラスを分類することが可能なモデルの場合は1です。この面積のことを**ROC AUC（ROC Area Under Curve）**と呼びます。

一般的にROC曲線とROC AUCを確認することは効果的ですが、学習データのクラスが不均衡である場合に、結果を楽観的に見積もってしまう可能性があります。一般的な尺度と思われ

ますが、ROC AUCの数値の評価は表3.4のように解釈されています。

●表3.4　ROC AUCの値とモデルの性能

ROC AUCの値	ROC AUCの評価
0.90-1	優れている
0.80-0.90	良い
0.70-0.80	普通
0.60-0.70	悪い
0.50-0.60	失敗

pr_curve()関数によるPR曲線

クラスに不均衡が生じるデータの場合、ROC曲線は正しく機能しません。その場合には、**PR曲線（Precision Recall Curve）**を使って、モデルの性能を評価します。PR曲線は閾値の変化に応じて計算される適合率と再現率の値をもとに曲線を描画します。再現率（Recall）はすべてのPositiveサンプルを検出するモデルの能力であり、適合率（Precision）はNegativeデータをPositiveに分類してしまうことを回避する能力についての指標です。

PR曲線は以下のように**prcurve()関数**を使って描画します（図3.9）。PR曲線は少数派クラスに注目できるため、不均衡データに対しても有用な指標です。完全な分類を行なうモデルがあれば、図の右上の頂点に点を打ちます。

```
# PR曲線の可視化
two_class_example %>%
  pr_curve(truth, Class1) %>%
  autoplot()
```

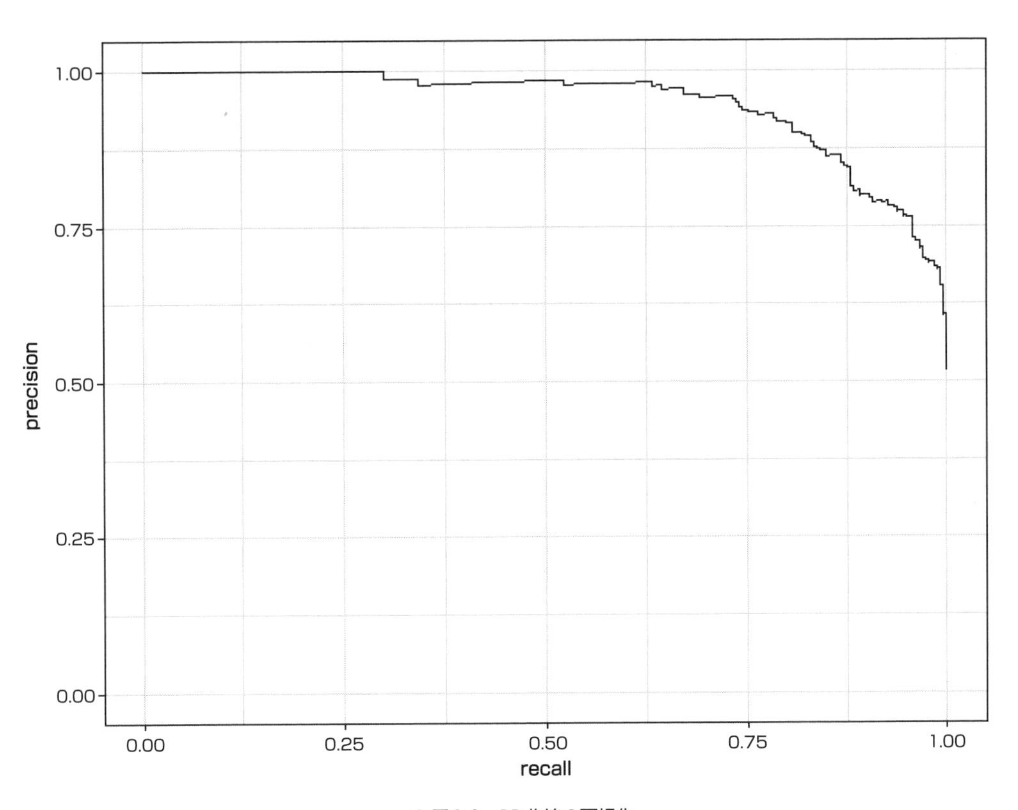

●図3.9　PR曲線の可視化

Negativeが多く存在するような不均衡なデータでは、すべてのデータをNegativeと予測するだけで精度が高く評価されてしまいますが、PR曲線に使用される評価指標はPositiveがPositiveと予測できているかを判断する指標を使用しているため、不均衡なデータに対応できるようになっています。

ROC AUCと同様に、曲線の下側面積を計算し、分類モデルの性能を定量的に判断できます。この数値はPR AUCと呼ばれます。yardstickパッケージでは**pr_auc()関数**で計算します。

```
# PR AUCの計算
two_class_example %>%
  pr_auc(truth, Class1)
```

```
# A tibble: 1 × 3                                    出力
  .metric .estimator .estimate
  <chr>   <chr>          <dbl>
1 pr_auc  binary         0.946
```

 gain_curve() 関数による累積ゲイン曲線

累積ゲイン曲線（Cumulative Gains Curve）はPositiveと予測された確率の高い順に全データを並べ替え、一定のデータ数で区切り、その区間の中で正しくPositiveであったサンプルの割合を描画します。予測された確率の上位何割をPositiveと判定したときの再現率（Recall）でモデルを評価します。累積ゲイン曲線を使用する例を以下で説明します。

1,000人の顧客がいると仮定します。顧客には商品を購入してもらうための広告を送付したいと考えます。すべてのお客様に広告キャンペーンを実施すると、30%（1,000人中300人）が反応し、商品を購入してもらえる可能性があるとわかっていたとします。しかし顧客1,000人全員にキャンペーンを出す予算はありません。1人に対してのキャンペーンコストが500円で、購入してもらったことによる利益が800円とすると、全員に対して広告を届けた場合には500円×1,000人=50万円となり、300人が反応しても利益は18万円しか得られず赤字になってしまいます。コストを最小限に抑えるため、できる限り最小限の顧客に絞ると同時に、反応する可能性の高い顧客にアプローチしたいときはどのようにしたらよいでしょうか。顧客の購入情報があり、キャンペーンに反応するかどうかを予測するモデルが作成されている場合、この予測モデルの出力を使って累積ゲイン曲線を利用できます。モデルの予測した購入してもらえる確率の高い順に顧客を並べて、全体の何割まで広告を送付すれば、コストよりも利益が上回るかがわかります。そこで確率の高い順から20%の人（200人）にアプローチするとします。そこに反応する300人の50%程度が含まれているとわかれば、300人×0.5=150人に反応してもらえると考えられます。このとき、200人×500円＝10万円のコストをかけ、150人×800円＝12万円で利益が出ることが期待できます。

yardstickパッケージでは**gain_curve()関数**で計算できます。

```
# 累積ゲイン曲線の計算
two_class_example %>%
  gain_curve(truth, Class1) %>%
  autoplot()
```

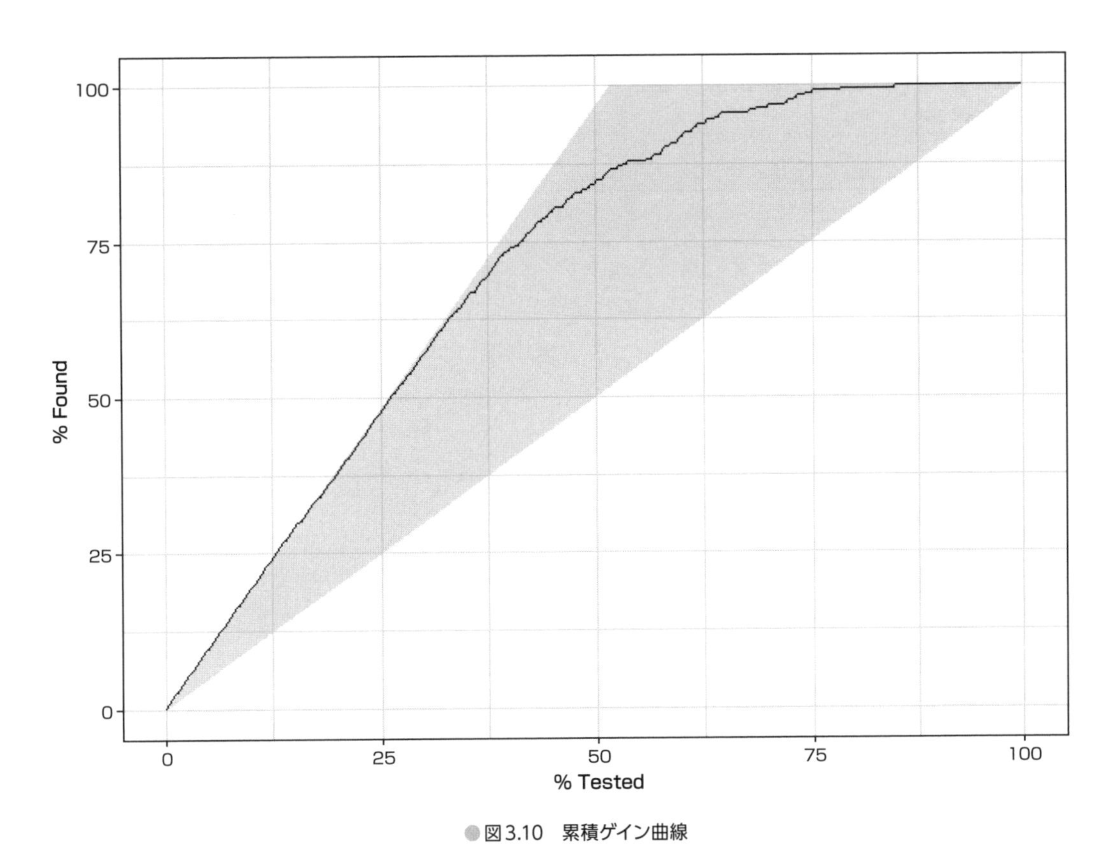

●図3.10　累積ゲイン曲線

x軸には広告のターゲットとしたい顧客が割合で表示されています。y軸には応答の期待できる顧客の割合が示されています。図3.10では、`Class1`に属する確率の高い値から順に並べたとき、全顧客の85%（x軸の85%の位置）までにアプローチすることで、反応する可能性のある人すべてにアプローチできたと判断できるため、残りの15%の人へのアプローチは無駄であることもわかります。

lift_curve()関数によるリフト曲線

リフト曲線は累積ゲイン曲線から計算できます。x軸は同じですが、y軸はモデルのゲイン値と顧客をランダムに選択したモデルのゲイン値の比率になっています。これはランダムに予測したモデルよりも今のモデルが何倍優れているかを理解するためのグラフです。ランダムなモデルを使用した場合のリフト曲線は$y = 1$の直線です。これよりも高い位置に曲線が表示されていれば、評価対象のモデルはランダムに予測するモデルよりも優れていると主張できます。yardstickパッケージでは**`lift_curve()`関数**で計算できます（図3.11）。

```
# リフト曲線の計算
lift_curve(two_class_example, truth, Class1) %>%
  autoplot()
```

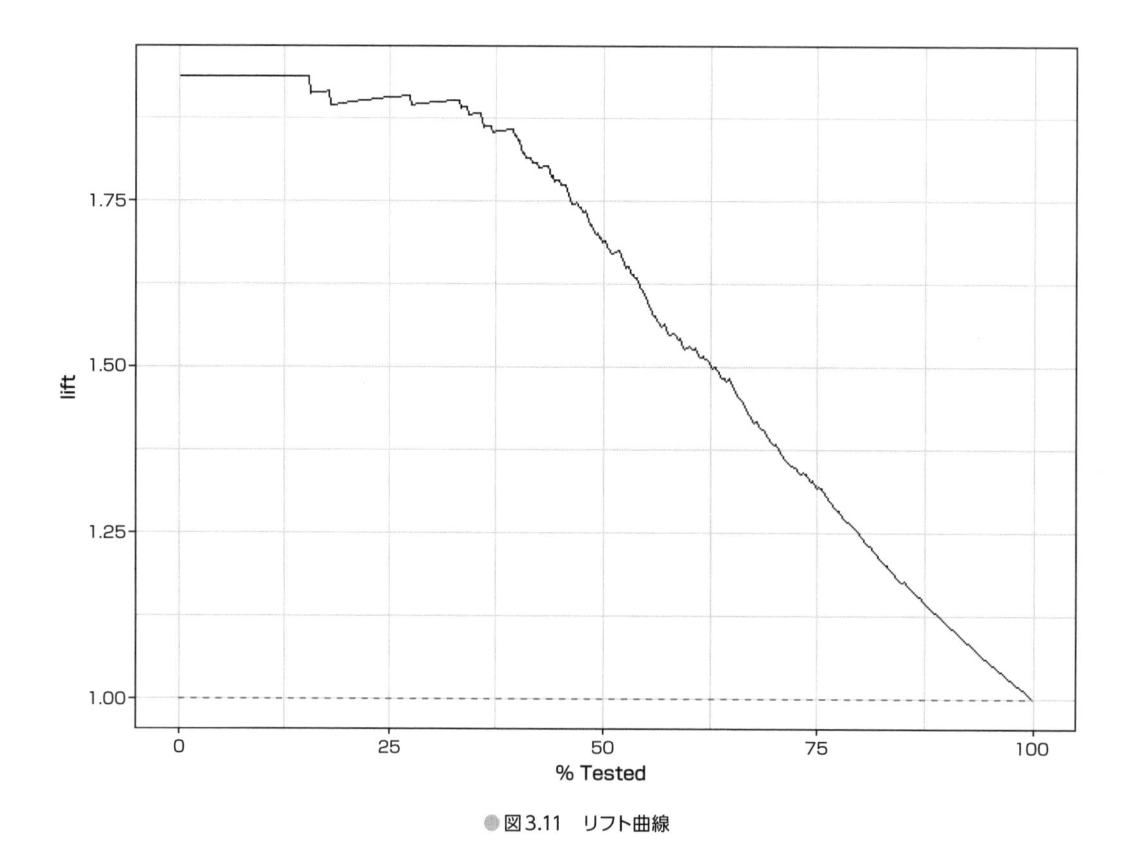

●図3.11　リフト曲線

図3.11では$y = 1$の直線が破線で示されています。`autoplot()`関数を使用せずに実行すると、リフト曲線を描くためのデータフレームが出力されます。データフレームの最初の数行を確認すると`.percent_tested`列の値が15になるまで`.lift`列に1.94と表示されています。このモデルはデータセットに対して予測した上位15%程までは、ランダムなモデルと比較して1.94倍の精度を得ることが可能であると解釈できます。

ここまで連続的な確率に対する評価指標を紹介してきました。これらを計算するyardstickパッケージの関数の対応を表3.5にまとめます。

● 表3.5 連続的な確率に対する評価指標の一部とyardstickパッケージの関数の対応

評価指標	説明	yardstickパッケージの関数
ROC曲線	分類モデルの閾値を変更した場合の感度と偽陽性率を計算	roc_curve()
ROC AUC	ROC曲線の下側面積	roc_auc()
PR曲線	分類モデルの閾値を変更した場合の適合率と再現率を計算	pr_curve()
PR AUC	PR曲線の下側面積	pr_auc()
累積ゲイン曲線	予測された確率がある数値以上であれば、全データの何割の陽性を含んでいるのか計算する	gain_curve()
リフト曲線	単純なモデルと比較した場合の比率	lift_curve()

yardstickパッケージにはモデルの予測結果を可視化して評価する関数が複数あります。紹介した関数のうち、機械学習モデルの作成でよく利用される指標はROC曲線でしょう。前述したようにROC曲線は万能の指標ではありませんので、注意して使用してください。

yardstickパッケージの関数に対する補足

yardstickパッケージの評価指標を計算する関数はevent_level引数を持つことがあります。この引数を持つyardstickパッケージの関数は、評価対象のクラスの因子型として1つ目が計算対象に指定されています。2つ目を評価対象にするにはevent_level引数にsecondを指定します。

```
# 2つ目のクラスを評価対象とする
two_class_example %>%
  f_meas(truth, predicted, event_level = "second")
```

出力

```
# A tibble: 1 × 3
  .metric .estimator .estimate
  <chr>   <chr>          <dbl>
1 f_meas  binary         0.826
```

truth列にはClass1とClass2が因子型で収められています。因子型をas.numeric()関数で数値に変換するとClass1が1に変換されます。この変換された数値が因子としての順番に相当するものです。ここではsecondを指定したので、因子としての順番が2番目であるClass2が評価対象に選ばれます。

 分類の閾値を変更するprobablyパッケージ

ROC曲線は分類モデルの出力した確率に対し、2つのクラスのどちらに割り当てるか、閾値を変化させることによって得られる指標です。two_class_exampleデータで**probably**パッケージの使い方を確認してみましょう。two_class_exampleデータに含まれる確率を任意の閾値で1と0の2つのクラスに割り当てるため、**make_two_class_pred()関数**を利用します。この関数は切り上げの基準をthreshold引数で調整します。

```
# probablyパッケージの読み込み
library(probably)

# probablyパッケージのmake_two_class_pred()関数による閾値調整
two_class_example %>%
  mutate(change_threshold = make_two_class_pred(Class1, levels(truth),
threshold = 0.7)) %>%
  head()
```

```
   truth      Class1       Class2 predicted change_threshold
1 Class2 0.003589243 0.9964107574    Class2           Class2
2 Class1 0.678621054 0.3213789460    Class1           Class2
3 Class2 0.110893522 0.8891064779    Class2           Class2
4 Class1 0.735161703 0.2648382969    Class1           Class1
5 Class2 0.016239960 0.9837600397    Class2           Class2
6 Class1 0.999275071 0.0007249286    Class1           Class1
```
出力

評価したいデータであるClass1列に対し、0.7を基準として設定した場合のクラスの割り当てを行なった結果が得られました。機械学習モデルを作成する際に、目的によっては誤ってNegativeと判定してもよいが誤ってPositiveと判定することが許されない場合があります。このときデフォルトの閾値ではなく、閾値を変化させて作成した機械学習モデルであれば採用できることがあります。このような操作に特化したのがprobablyパッケージです。

3-6 まとめと参考文献

2章では回帰、本章では分類をtidymodelsのパッケージたちを組み合わせて実行する方法を紹介しました。回帰であっても分類であっても、モデルがどのように間違ってしまうのか把握し、モデルが自分の目的にどの程度有益かを判断しながらモデルを作成していきます。この判断のためにも評価指標やモデルの性能の可視化方法を学びましょう。自分の目的に有益なモデルが評価指標の値を確認することで判断できるならば、2章や本章で紹介したparsnipパッケージの中から、複雑なデータでも高い性能を示すことが知られているモデルを選択し比較することで、目的に最適なモデルを見つけることができるかもしれません。5章ではモデルを選択するだけでなく、モデルに調整を加えることで評価指標がどのように変化するかを学びます。

- Gareth James, Daniela Witten, Trevor Hastie, Robert Tibshirani(著), 落海 浩, 首藤信通(翻訳), "Rによる 統計的学習入門", 朝倉書店, 2018.
- Max Kuhn, Julia Silge "Tidy Modeling With R: A Framework for Modeling in the Tidyverse" Oreilly & Associates Inc, 2022.
- Miha Vuk, Metodoloski zvezki "ROC Curve, Lift Chart and Calibration Plot"p89-108, 2006.
- 門脇大輔, 阪田隆司, 保坂桂佑, 平松雄司(著), "Kaggleで勝つデータ分析の技術", 技術評論社, 2019.

第4章

モデルの運用

モデリングのプロセスは多岐にわたります。tidymodelsの枠組みでは、これらの作業を独立したパッケージで分担して行う機能を提供します。その結果、オブジェクトやコードが複雑になる傾向があります。本章ではこの問題を解消するためにtidymodelsによるモデリングをワークフロー化するworkflowsパッケージを取り上げます。また複数の前処理レシピ、モデルの仕様を効率的に管理、実行するのに役立つworkflowsetsパッケージも扱います。

本章の内容

4-1 workflowsパッケージによるレシピやモデル、データの変更

本書ではモデリングの各段階に応じて、さまざまなプロセスが含まれることを紹介してきました。具体的にはデータへの前処理やモデルの定義、結果の後処理（評価）などです。これらのプロセスは1回で終わることは少なく、より良い精度を出すモデルを開発するために複数回にわたり行われることも示してきました。最終的に満足のいく精度を出すモデルができあがるときには、試した特徴量エンジニアリングやモデルの種類が自然と多くなります。

tidymodelsの枠組みにおいては、recipesパッケージによる特徴量エンジニアリングの処理を記述した`recipe`オブジェクトや、parsnipパッケージで実装されるモデルの仕様を定義した`model_spec`オブジェクトが複数できあがります。ここで問題となるのがオブジェクトの数とその管理です。特徴量エンジニアリングの処理1つを加えるために別の`recipe`オブジェクトが作成され、実行するモデルの種類を増やすことでオブジェクトの数が増え、どのレシピとモデルの組み合わせを最終的に利用するかが不透明になりやすいという問題です。

本章で紹介する**workflowsパッケージ**を利用することで、各プロセスの組み合わせを1つのオブジェクトで管理することが容易になります。例えばモデリングのプロセスで必要な複数の処理（前処理、モデルへの適用）に対して、単一の`workflow`オブジェクトを作成し、モデル実行までの処理を一元的に管理できます。より単純に表すと、recipesパッケージによる前処理レシピとparsnipパッケージで定義したモデルを用意し、workflowsパッケージの処理に取り込むことにより、`fit()`関数を実行するだけで前処理とモデルの適用が行われるようになります。またworkflowsパッケージを使ってモデリングプロセスを管理すれば、必要に応じてモデリングの作業に変更を加えることも可能です。モデリングの段階ごとに、workflowsパッケージが提供する機能について、以下で簡単に紹介します。

- 前処理
  - **add_formula()関数：formulaの定義**
  - **add_recipes()関数：加工作業の追加。レシピとしてrecipesパッケージのオブジェクトを適用できる**
- モデルの適用
  - **add_model()関数：学習ルールの追加。parsnipパッケージで生成したmodel_specオブジェクトを管理する**
- 後処理
  - **現在は提供されていないが、実装が予定されている**[注4.1]

注4.1　本書で使っているworkflowsパッケージのバージョンは、執筆時点(2022年12月)でCRANに登録されている最新のバージョンである1.1.2です。

 workflows パッケージを使わないモデル作成

workflowsパッケージの導入として、ここでは1章および2章で紹介したrecipesパッケージとparsnipパッケージを使い、モデリングにおける前処理とモデルを適用する作業をワークフローに取り込む例を示します。比較のために、まずはworkflowsパッケージを使わない方法を紹介します。

```
# tidymodelsパッケージの読み込みにより
# recipes、parsnipパッケージなどを利用可能にする
library(tidymodels)
```

はじめにamesデータを読み込んだのち、売却価格`Sale_Price`による層化抽出を`initial_split()`関数を用いて行ないます。次に`training()`関数および`testing()`関数を使って学習・評価データに分割します。

```
# データ分割の方法については1章で解説
data("ames", package = "modeldata")
set.seed(123)
# 売却価格による層化抽出
split_ames_df <-
  initial_split(ames, strata = "Sale_Price")
# training()関数およびtesting()関数で学習データと評価データに分割
ames_train <-
  training(split_ames_df)
ames_test <-
  testing(split_ames_df)
```

続いてデータに適用するレシピの定義です。1章で取り上げた売却価格を予想するモデルを作成することにします。前処理として施す処理は以下の通りです。

1. 裾の長い分布を正規分布に近づけるための売却価格の対数変換
2. 面積を表す2つの変数についてYeo-Johnson変換（この変数変換の利点は入力値が0あるいは負値でも変換できる）
3. 水準数が多いカテゴリ変数に対して、出現頻度の少ないカテゴリを"Other"としてひとまとめにする
4. 一意の値しか持たない変数をモデルから除外する

```
# 前処理のレシピを定義
ames_rec <-
   recipe(Sale_Price ~ ., data = ames_train) %>%
# 1.対数変換
   step_log(all_outcomes(), base = 10, skip = TRUE) %>%
# 2.Yeo-Johnson変換
   step_YeoJohnson(Lot_Area, Gr_Liv_Area) %>%
# 3.出現頻度の少ないカテゴリを変換
   step_other(Neighborhood, threshold = 0.1)  %>%
# 4.一意の値しか持たない変数の除外
   step_zv(all_predictors())
```

続いて2章で取り上げたparsnipパッケージでのモデル仕様を定義します。ランダムフォレストのモデルを再び指定します。

```
# モデルの定義
rf_model <-
   # ランダムフォレストを宣言
   rand_forest(
     trees = 50,
     mtry = 3) %>%
   # モデルのエンジンとしてrangerパッケージを指定
   set_engine("ranger", seed = 71) %>%
   # 回帰モデルの指定
   set_mode("regression")
```

学習データを適用します。これによりランダムフォレストモデルを利用した学習モデルが生成されます。

```
# モデルに対してデータを適用
ames_rec_preped <-
  ames_rec %>%
  prep()
ames_rf_fit <-
   rf_model %>%
   fit(Sale_Price ~ .,
       data = bake(ames_rec_preped, new_data = NULL))
```

学習したモデルを用いて、評価データに対する予測を実行します。このとき`predict()`関数の引数`new_data`には前処理レシピを適用した後の評価データを与えます。

```
predict(ames_rf_fit,
        new_data = bake(ames_rec_preped, ames_test))
```

```
# A tibble: 733 × 1                                                出力
   .pred
   <dbl>
 1  5.10
 2  5.19
 3  5.30
 4  5.30
 5  5.24
 6  5.28
 7  5.24
 8  5.23
 9  5.05
10  5.00
# … with 723 more rows
```

ここまでの処理で冗長な箇所があります。fit()関数によるモデルの適用や、predict()関数で評価データに対する予測をする際、対象となる学習・評価データに対して、共通した前処理を施したデータを与える必要があるためにbake()関数を適用している点です。

workflowsパッケージを使ったモデル作成

ここからworkflowsパッケージを使って同様の処理をしていきます。workflowsパッケージでは明示的に前処理のレシピ、モデルの仕様を定めたオブジェクトを関数内で指定することで、モデリング全体を管理します。

```
# workflowsパッケージはtidymodelsパッケージに含まれるので
# 個別に読み込む必要はない
# library(workflows)

ames_wflow <-
  # ワークフローの宣言
  workflow() %>%
  # レシピの追加
  add_recipe(recipe = ames_rec) %>%
  # モデルの追加
  add_model(spec = rf_model)
```

workflow()関数は**ワークフロー**の開始を宣言するために使います。これによりworkflowオブジェクトが生成され、必要なレシピやモデルを加える準備が整います。ワークフローに適用するレシピやモデルは、それぞれ**add_recipe()関数**、**add_model()関数**を使って指定します。recipesパッケージを使って前処理の手順をまとめたrecipeオブジェクトをadd_recipe()関数のrecipe引数に、parsnipパッケージによって作成したmodel_specオブジェクトはadd_model()関数のspec引数に与えて実行します。

```
# workflow()関数によって生成されるオブジェクトのクラスを確認
class(ames_wflow)
```

```
[1] "workflow"
```
出力

次にworkflowオブジェクトの出力を確認しましょう。このオブジェクトは主に2つの要素で構成されています。先に宣言したレシピ（Preprocessorとして出力される部分）とモデル（Modelとして出力される部分）です。

```
ames_wflow
```

```
══ Workflow ════════════════════════════════════════════════════════════
════════════════════════════
Preprocessor: Recipe
Model: rand_forest()

── Preprocessor ────────────────────────────────────────────────────────
─────────────────────────
4 Recipe Steps

  step_log()
  step_YeoJohnson()
  step_other()
  step_zv()

── Model ───────────────────────────────────────────────────────────────
──────────────────────────────
Random Forest Model Specification (regression)

Main Arguments:
  mtry = 3
  trees = 50

Engine-Specific Arguments:
  seed = 71

Computational engine: ranger
```
出力

この出力から、add_recipe()関数およびadd_model()関数で与えたレシピ、モデルの詳細、前処理として4つのステップ、ランダムフォレストモデルによる回帰とそのパラメータが記録されていることがわかります。

本項の最初のコードでは、add_*()関数を使ってワークフローにレシピとモデルを追加しました。workflow()関数の実行段階でレシピやモデルが決まっている場合は、引数preprocessorとspecによってそれぞれレシピとモデル定義を指定できます。つまり、以下の結果は本項の最初のコードでames_wflowとして作成したものと同じです。

```
# ワークフロー宣言時にレシピとモデル定義を指定しておく方法
# preprocessor引数にrecipeオブジェクト
# spec引数にmodel_specオブジェクトを与える
workflow(preprocessor = ames_rec, spec = rf_model)
```

workflowsパッケージは、workflowオブジェクトに対するfit()関数やpredict()関数のメソッドを提供します。したがって、前処理レシピが指定されたworkflowオブジェクトには、前処理を施す前のデータ分割を行なった状態の学習・評価データを与えている点に注意してください。以下のようにfit()関数に与える学習データは、前処理を施す前のデータ（ames_train）ですが、workflowオブジェクトが自動的にワークフローに記述された前処理レシピを適用してくれます。

```
# モデルへの適用も前処理を施す前のames_trainデータに対して行なう
# 自動的にワークフローに記述された前処理レシピがames_trainに適用される
rf_fit <-
  ames_wflow %>%
  fit(data = ames_train)
```

fit()関数を適用した後のオブジェクトクラスもworkflowのままです。

```
class(rf_fit)
```

```
[1] "workflow"
```
出力

workflowオブジェクトを出力してみると、モデルの前処理、定義に加えて、モデルの学習結果が含まれていることがわかります。

```
rf_fit
```

```
══ Workflow [trained] ══════════════════════════════════════════
═══════════════════════════════════
Preprocessor: Recipe
Model: rand_forest()

── Preprocessor ──────────────────────────────────────────────
─────────────────────────────────────
4 Recipe Steps

  step_log()
  step_YeoJohnson()
  step_other()
  step_zv()

── Model ─────────────────────────────────────────────────────
─────────────────────────────────────────
Ranger result

Call:
 ranger::ranger(x = maybe_data_frame(x), y = y, mtry = min_cols(~3,      x), num.
trees = ~50, seed = ~71, num.threads = 1, verbose = FALSE)

Type:                             Regression
Number of trees:                  50
Sample size:                      2197
Number of independent variables:  73
Mtry:                             3
Target node size:                 5
Variable importance mode:         none
Splitrule:                        variance
OOB prediction error (MSE):       0.00505426
R squared (OOB):                  0.8411518
```

モデルを適用した後のworkflowオブジェクトでは、定義された前処理レシピやモデル適用の結果といったtidymodelsで構成されるモデリングに関わる要素を**extract_*()関数**を使って参照できます。この関数を使って前処理およびモデルの適用結果を個別に確認してみましょう。

```
# workflowオブジェクトに与えたrecipesパッケージによる前処理レシピの参照
rf_fit %>%
  extract_recipe()
```

```
Recipe

Inputs:
```

```
      role #variables
   outcome          1
 predictor         73

Training data contained 2197 data points and no missing data.

Operations:

Log transformation on Sale_Price [trained]
Yeo-Johnson transformation on Lot_Area, Gr_Liv_Area [trained]
Collapsing factor levels for Neighborhood [trained]
Zero variance filter removed <none> [trained]
```

モデルの学習結果は`extract_fit_parsnip()`関数で参照します。

```
# workflowオブジェクトに与えたparsnipパッケージでのモデル仕様の参照
rf_fit %>%
  extract_fit_parsnip()
```

出力

```
parsnip model object

Ranger result

Call:
 ranger::ranger(x = maybe_data_frame(x), y = y, mtry = min_cols(~3,      x), num.
trees = ~50, seed = ~71, num.threads = 1, verbose = FALSE)

Type:                             Regression
Number of trees:                  50
Sample size:                      2197
Number of independent variables:  73
Mtry:                             3
Target node size:                 5
Variable importance mode:         none
Splitrule:                        variance
OOB prediction error (MSE):       0.00505426
R squared (OOB):                  0.8411518
```

最後に`workflow`オブジェクトに`predict()`関数を適用しましょう。ここでも指定するデータは前処理を施す前の`ames_test`です。

```
# new_data引数に前処理を施す前の評価データを与える
predict(rf_fit, new_data = ames_test)
```

出力
```
# A tibble: 733 × 1
   .pred
   <dbl>
 1  5.10
 2  5.19
 3  5.30
 4  5.30
 5  5.24
 6  5.28
 7  5.24
 8  5.23
 9  5.05
10  5.00
# … with 723 more rows
```

この結果はworkflowsパッケージを使わずに、モデルの学習結果をpredict()関数に与え、new_data引数にbake()関数で前処理レシピを適用して予測を行なったものと一致しています。

workflowsパッケージを使ってモデルのワークフローを作成した場合でも、モデルの性能を評価するには、2章と3章で取り上げたyardstickパッケージの関数を使います。また、学習済みモデルに評価データを適用し、その結果（予測値）を評価データの目的変数と結合するには、1章で解説したaugment()関数を使うと便利です。この関数は、parsnipパッケージで作成されたモデルと同様にworkflowオブジェクトを第一引数にとる場合でも、第二引数に与えたデータフレームに対してworkflowに記述された前処理レシピとモデルによる予測を実行します。

```
# 目的変数であるSale_Priceと
# モデルが予測した値.predが含まれるデータフレームを作成
df_ames_predict <-
  augment(rf_fit, new_data = ames_test)

# yardstickパッケージの評価関数rmse()によりRMSEを求める
df_ames_predict %>%
  # 評価データの目的変数の対数変換をここで行なう
  transmute(Sale_Price = log(Sale_Price, base = 10), .pred) %>%
  rmse(Sale_Price, .pred)
```

出力
```
# A tibble: 1 × 3
  .metric .estimator .estimate
  <chr>   <chr>          <dbl>
1 rmse    standard      0.0602
```

ここで、augment()関数で得た結果（目的変数や説明変数に加えて、モデルが予測した値となる.pred列が含まれるデータフレーム）をrmse()関数で評価する前に対数変換を行なっている点に注目してください。これはaugment()関数の実行結果には前処理が施されないためです。

```
# augment()関数で得たデータフレームから目的変数の値を参照する
head(df_ames_predict$Sale_Price)
```

```
[1] 105000 172000 189900 195500 191500 189000
```

目的変数への対数変換を行なう前処理をともなう学習データを使ったモデルの予測値と比較する場合、augment()関数が出力する目的変数に対しても同様の処理を加えないと正しい評価はできません。仮に対数変換を忘れてしまい、rmse()関数を適用した場合、以下のようにRMSEの値は過度に大きくなってしまいます。

```
# Sale_Priceを対数変換せずに.predとの間とのRMSEを求める
df_ames_predict %>%
  rmse(Sale_Price, .pred)
```

```
# A tibble: 1 × 3
  .metric .estimator .estimate
  <chr>   <chr>          <dbl>
1 rmse    standard     198949.
```

 モデルの改善に利用できる関数

モデリングのプロセスは1つのモデルを作って終わることはなく、複数のモデルの結果を比較、検討して最終的に最も予測性能の高いモデルを作成することが一般的です。workflowsパッケージを利用することで、このようなモデルの改善作業も容易になります。

ワークフローの中で実行するモデルや前処理のレシピを部分的に変更するために**update_*()関数**が利用できます。この関数はこれまでにワークフローとして与えられているrecipesパッケージによる前処理レシピ、parsnipパッケージでのモデル仕様とは別に用意したオブジェクトを与えることでワークフローの内容を置き換えるものです。前項ではランダムフォレストを採用したモデルを学習・評価しました。例えばこのモデルを線形モデルに変更するには以下のようにします。

```
# parsnipでmodel_specオブジェクトを生成する
lm_model <-
  linear_reg() %>%
  set_engine("lm")

lm_wflow <-
  ames_wflow %>%
  # ランダムフォレストを指定していたモデルの更新を行なう
  update_model(lm_model)

lm_wflow
```

```
══ Workflow ════════════════════════════════════════════════════════ 出力
══════════════════════
Preprocessor: Recipe
Model: linear_reg()

── Preprocessor ──────────────────────────────────────────────────
──────────────────────────
4 Recipe Steps

  step_log()
  step_YeoJohnson()
  step_other()
  step_zv()

── Model ────────────────────────────────────────────────────────
─────────────────────────────
Linear Regression Model Specification (regression)

Computational engine: lm
```

Modelの部分の表示がlmをエンジンとした線形回帰モデルに変わっていることを確認できます。前処理レシピについてはそのままの状態です。ここでは例示しませんが、update_recipe()関数を使ってワークフローで扱われる前処理レシピを変更できます。

update_*()関数はワークフロー全体、すなわち変数間の関係やすでに適用したモデルの結果に影響を及ぼすことはありません。一方で、異なるモデルを検討するときなど、こうした変数間の関係やモデルの学習結果を見直したいこともあります。

ワークフローの構成要素であるレシピとモデルは**remove_*()関数**を使って除外できます。この関数は先ほどのupdate_*()関数とは異なり、代わりのレシピやモデルを与えずに実行します。この処理により、ワークフローからレシピやモデルの内容が消去されます。そして再びadd_*()関数を使うことで、ワークフローが設計可能になります。

モデルの変数の関係を定義し直すことを考えます。例えば、これまで扱ってきたワークフローの内容から、amesデータのSale_Priceを予測するモデルの説明変数に単純な位置情報の変数(LongitudeとLatitude)だけを考える場合、これまで与えていたレシピは不要になります。

ワークフロー中の変数間の関係を宣言する関数add_variables()がありますが、この関数はワークフローでレシピが与えられているときには機能しません。それはrecipeオブジェクトの中ですでに変数間の関係が示されているためです。remove_recipe()関数によってワークフロー中のレシピを削除した後であればadd_variables()関数が適用可能になります。

```
lm_wflow %>%
  # ワークフローからレシピを削除する
  remove_recipe()
```

出力

```
══ Workflow ════════════════════════════════════════════════════════════════
═══════════════════════════════════

Preprocessor: None
Model: linear_reg()

── Model ───────────────────────────────────────────────────────────────────
────────────────────────────────────

Linear Regression Model Specification (regression)

Computational engine: lm
```

以下のコードでは、レシピを上書きするために事前にremove_recipe()関数を使い、add_variables()関数でモデルに使う変数間の関係を新たに定義し直しています。

```
lm_wflow <-
  lm_wflow %>%
  remove_recipe() %>%
  add_variables(outcome = Sale_Price,
                predictors = c(Longitude, Latitude))

# Preprocessorの出力が変更されている点に注意
# PredictorsとしてLongitude, Latitudeの2変数だけが扱われている
lm_wflow
```

出力

```
══ Workflow ════════════════════════════════════════════════════════════════
═══════════════════════════════════

Preprocessor: Variables
Model: linear_reg()

── Preprocessor ────────────────────────────────────────────────────────────
────────────────────────────────
```

```
Outcomes: Sale_Price
Predictors: c(Longitude, Latitude)

── Model ───────────────────────────────────────────────
──────────────────────────────────

Linear Regression Model Specification (regression)

Computational engine: lm
```

remove_recipe()関数が用意されている理由はなぜでしょうか。それは明示的にremove_recipe()関数を実行することで、不用意にレシピやモデルで扱われる変数の関係を変更しないためです。以下のようにremove_recipe()関数を実行せずにadd_variables()関数を適用すると処理が停止します。

```
# recipeによって変数の関係が記述されているためエラーとなる
lm_wflow %>%
  add_variables(outcome = Sale_Price,
                predictors = c(Longitude, Latitude))
#> Error in `add_variables()`:
#> ! Variables cannot be added when a recipe already exists.
```

2つの変数を説明変数としたワークフローでは、モデルの実行部分には手を加えていません。先ほどupdate_model()関数でランダムフォレストから線形回帰モデルに置き換えたワークフローのままです。前処理レシピは存在しません。このworkflowオブジェクトに対しても、モデルの適用と予測を実行しましょう。

```
# LongitudeとLatitudeだけを説明変数とする
# Sale_Priceを予測する線形回帰モデルの実行
lm_fit <-
  fit(lm_wflow, ames_train)

# 予測値の確認
predict(lm_fit, ames_test)
```

出力

```
# A tibble: 733 × 1
     .pred
     <dbl>
 1 186662.
 2 185898.
 3 212301.
 4 212135.
 5 208044.
```

```
 6 210134.
 7 205310.
 8 196113.
 9 193519.
10 191019.
# … with 723 more rows
```

```
# 評価データames_testにモデルの予測結果の列を加える
augment(lm_fit, ames_test) %>%
  # 目的変数への対数変換等の処理を行なっていないので
  # RMSEの算出は目的変数の元の値と予測値から求める
  rmse(Sale_Price, .pred)
```

```
# A tibble: 1 × 3
  .metric .estimator .estimate
  <chr>   <chr>          <dbl>
1 rmse    standard      74590.
```

workflowsパッケージが提供するadd_*()関数、update_*()関数、remove_*()関数は、モデルの一部を変更するために1つのセットで用意されています。表4.1に示すように、これらの関数はモデル式、モデル、レシピ、変数、変数への重みづけのためにそれぞれ用意されています。

●表4.1　モデルの変更に利用する関数

対象	関数
モデル式	add_formula(), update_formula(), remove_formula()
モデル（parsnipで作成）	add_model(), update_model(), remove_model()
レシピ（recipesで作成）	add_recipe(), update_recipe(), remove_recipe()
変数の関係	add_variables(), update_variables(), remove_variables()
変数への重みづけ	add_case_weights(), update_case_weights(), remove_case_weights()

リサンプリングデータへのworkflowの適用

リサンプリング法（1章参照）を使って生成されたリサンプリングデータにもworkflowsパッケージは適用できます。具体的にはvfold_cv()関数による交差検証法や、bootstraps()関数によるブートストラップ法で作成されたデータへのモデルの適用は、tuneパッケージのtune::fit_resamples()関数を通して行ないます。このパッケージはハイパーパラメータのチューニングを目的とした機能を持ち、詳しい説明は5章で行ないます。

tune::fit_resamples()関数の引数には前処理レシピとモデルの仕様、そしてリサンプリングデータを指定して実行します。このうちworkflowオブジェクトには前処理レシピとモデルの仕様を含めることができます。つまり、workflowオブジェクトとリサンプリングデータの指定だけで、リサンプリングデータへのworkflowの適用が可能となります。

```
# k分割交差検証法によるリサンプリングデータの生成
set.seed(123)
folds <-
  ames_train %>%
  vfold_cv(v = 10, strata = Sale_Price)

folds
```

```
#  10-fold cross-validation using stratification
# A tibble: 10 × 2
   splits             id
   <list>             <chr>
 1 <split [1976/221]> Fold01
 2 <split [1976/221]> Fold02
 3 <split [1976/221]> Fold03
 4 <split [1976/221]> Fold04
 5 <split [1977/220]> Fold05
 6 <split [1977/220]> Fold06
 7 <split [1978/219]> Fold07
 8 <split [1978/219]> Fold08
 9 <split [1979/218]> Fold09
10 <split [1980/217]> Fold10
```

出力

```
# リサンプリングデータに対するモデルの適用
keep_pred <-
  control_resamples(save_pred = TRUE, save_workflow = TRUE)
wf_fit_fold <-
  ames_wflow %>%
  fit_resamples(resamples = folds,
                control = keep_pred)

wf_fit_fold
```

```
# Resampling results
# 10-fold cross-validation using stratification
# A tibble: 10 × 5
   splits             id     .metrics         .notes           .predic…
   <list>             <chr>  <list>           <list>           <list>
 1 <split [1976/221]> Fold01 <tibble [2 × 4]> <tibble [0 × 3]> <tibble>
```

出力

```
 2 <split [1976/221]> Fold02 <tibble [2 × 4]> <tibble [0 × 3]> <tibble>
 3 <split [1976/221]> Fold03 <tibble [2 × 4]> <tibble [0 × 3]> <tibble>
 4 <split [1976/221]> Fold04 <tibble [2 × 4]> <tibble [0 × 3]> <tibble>
 5 <split [1977/220]> Fold05 <tibble [2 × 4]> <tibble [0 × 3]> <tibble>
 6 <split [1977/220]> Fold06 <tibble [2 × 4]> <tibble [0 × 3]> <tibble>
 7 <split [1978/219]> Fold07 <tibble [2 × 4]> <tibble [0 × 3]> <tibble>
 8 <split [1978/219]> Fold08 <tibble [2 × 4]> <tibble [0 × 3]> <tibble>
 9 <split [1979/218]> Fold09 <tibble [2 × 4]> <tibble [0 × 3]> <tibble>
10 <split [1980/217]> Fold10 <tibble [2 × 4]> <tibble [0 × 3]> <tibble>
# … with abbreviated variable name  .predictions
```

splitsに対して.metrics、.notes列が追加されていることがわかります。個別に性能評価の結果を確認してもよいのですが、リサンプリングデータの性能評価を簡単に行なうための関数tune::collect_metrics()が利用できます。この関数を使って、すべてのリサンプリングデータに対する性能評価の結果を平均した値が確認できます。

```
collect_metrics(wf_fit_fold)
```

```
出力
# A tibble: 2 × 6
  .metric .estimator       mean     n    std_err .config
  <chr>   <chr>           <dbl> <int>      <dbl> <chr>
1 rmse    standard   197181.       10 1443.      Preprocessor1_Model1
2 rsq     standard        0.802    10    0.00661 Preprocessor1_Model1
```

また、複数あるリサンプリングデータを使ったモデルの中から最も良い結果を得るtune::show_best()関数を適用できます。

```
show_best(wf_fit_fold, metric = "rmse")
```

```
出力
# A tibble: 1 × 6
  .metric .estimator    mean     n std_err .config
  <chr>   <chr>        <dbl> <int>   <dbl> <chr>
1 rmse    standard   197181.    10   1443. Preprocessor1_Model1
```

workflowsパッケージによって、モデリングの作業に必要なレシピ、モデルの仕様を一元的に管理することが容易になりました。一方でworkflowオブジェクトで扱える範囲は、あくまでも1つのレシピ、モデル仕様に限られます。現実の課題では、特定のデータに対して異なる前処理やモデルを適用したいことがあります。交差検証法によるリサンプリングデータへの適用も同様です。この課題に対しては次節で紹介するworkflowsetsパッケージを利用することで対処できるようになります。

4-2 workflowsetsパッケージによる複数レシピ・モデルの一元管理

前節では単一のワークフローの性能を評価してきました。しかし、真にそのモデルの価値を推し量るためには、特徴量への処理を変えたり、異なるモデルを用意したり、モデル間を比較したりと、さまざまな試行錯誤が必要です。`workflows::update_*()`関数などを用いることで、モデルの仕様や変数の改善が可能になりましたが、異なる前処理レシピやモデルを試すために、`workflow`オブジェクトを定義し直すのは面倒です。また、それぞれのレシピ、モデルによる結果を保存し、比較する手間も生じます。

現実的に生じるこのような問題に対応するために、tidymodelsの**workflowsetsパッケージ**を利用します。このパッケージは`workflow`オブジェクトとして作成した複数の前処理レシピとモデル仕様を管理するとともに、複数のモデルで予測を行ない、モデル性能を比較する機能を提供します。

ここではworkflowsetsパッケージを使った処理について、2つの例を紹介します。1つ目は、異なる変数を説明変数にするモデルを作成します。2つ目は、特定の変数を用いて異なる前処理・モデルから最善のモデルを選択します。

leave_var_out_formulas()関数による変数選択

一般的にモデルの多くは、扱う変数が多くなると結果の解釈が難しくなります。また、当然ながらどの変数を含めるかによってモデルの性能が変化します。**変数選択**（特徴量選択とも呼ばれます）は、モデルで用いる変数を選び出す作業です。

変数選択を行なうことにより、いくつかの利点が得られます。

- 変数を少なくすることで、解釈しやすいモデルが作成できる
- 計算コストの低下により、学習時間を短縮できる
- モデルの精度に寄与しない変数を削除することで、モデルの汎化性能が向上する

変数選択を実行するには、複数の変数の組み合わせからなるモデルの用意が必要です。こうした複数モデルの作成・比較にworkflowsetsパッケージが利用できます。workflowsetsパッケージはtidymodelsパッケージの読み込み時に自動的に読み込まれます。本書で扱うバージョンは1.0.0です。

```
# workflowsetsパッケージはtidymodelsパッケージに含まれるため
# 個別に読み込む必要はない
# library(workflowsets)
```

ここからは新たにpenguinsデータを利用します。以下のコマンドを実行し、penguinsデータを学習データと評価データに分割、リサンプリングのデータを用意しましょう。

```
# penguinsデータの読み込み
data("penguins", package = "modeldata")

# データの分割
set.seed(123)
penguins_split <-
  # speciesをもとにした層化抽出を行なう
  initial_split(penguins, strata = species)
penguins_train <-
  training(penguins_split)
penguins_test <-
  testing(penguins_split)

# k = 10のk分割交差検証法
set.seed(123)
folds <-
  penguins_train %>%
  vfold_cv(v = 10, strata = species)
```

次に変数選択のためのモデル式を用意します。複数のモデル式を比較するために、モデル式を個別に記述する必要はありません。**leave_var_out_formulas()関数**を使うことで自動的にモデル式の組み合わせを用意できます。この関数で生成されるモデル式の組み合わせは、関心のある変数を除いた場合の効果を調べるのに有用です。formula引数で指定したモデル式で与えられた説明変数のパターンから、すべての変数を含んだモデル式と特定の変数の効果1つを除いたモデル式を生成します。

penguinsデータの性別（sex）を予測するモデルを考えるために、すべての変数を含むモデル式（フルモデル）と特定の変数の効果を除いたモデル式のリストを作成するには以下のようにします。

```
# full_model引数にTRUEを与えると
# すべての変数を含むモデル(フルモデル)を生成する
formulas <-
  leave_var_out_formulas(sex ~ ., data = penguins, full_model = TRUE)

formulas
```

```
$species
sex ~ island + bill_length_mm + bill_depth_mm + flipper_length_mm + 
    body_mass_g
<environment: base>

$island
sex ~ species + bill_length_mm + bill_depth_mm + flipper_length_mm + 
    body_mass_g
<environment: base>

$bill_length_mm
sex ~ species + island + bill_depth_mm + flipper_length_mm + 
    body_mass_g
<environment: base>

$bill_depth_mm
sex ~ species + island + bill_length_mm + flipper_length_mm + 
    body_mass_g
<environment: base>

$flipper_length_mm
sex ~ species + island + bill_length_mm + bill_depth_mm + body_mass_g
<environment: base>

$body_mass_g
sex ~ species + island + bill_length_mm + bill_depth_mm + flipper_length_mm
<environment: base>

$everything
sex ~ .
```
出力

leave_var_out_formulas()関数の返り値はリストなので、モデル式の名前や順番によって参照できます。このモデル式の中には、目的変数であるsexを除いたすべての変数が含まれるモデル式（everything）が含まれます。

```
# speciesが含まれないモデル式
formulas[["species"]]
```

```
sex ~ island + bill_length_mm + bill_depth_mm + flipper_length_mm + 
    body_mass_g
<environment: base>
```
出力

```
# 宣言したすべての説明変数が含まれるモデル式
formulas[["everything"]]
```

```
sex ~ .
```
出力

workflow_set()関数によるモデルと変数の組み合わせ

前述の通り、workflowsetsパッケージでは複数のモデル式、モデルを実行できますが、まずはモデル式だけが複数ある場合を見ていきましょう。試したいモデル式とモデル要件を用意したら**workflow_set()関数**に与えて実行します。モデルの定義はこれまでと同じくparsnipパッケージを利用して行ないます。

```
# 一般化線形モデルの仕様を定義する
lr_spec <-
  logistic_reg() %>%
  set_engine("glm")

# workflow_setオブジェクトの作成
penguins_workflows <-
   workflow_set(
     # モデル式を与える
     preproc = formulas,
     # 実行するモデルの種類をリスト形式で指定
     models = list(logistic = lr_spec),
     # モデル式とモデルの種類の組み合わせで実行するかのオプション
     cross = FALSE)
```

workflow_set()関数のpreproc引数にモデル式のリスト、models引数に実行するモデルのリストを与えます。

```
class(penguins_workflows)
```

```
[1] "workflow_set" "tbl_df"       "tbl"          "data.frame"
```
出力

```
# workflow_setオブジェクトはデータフレームの形式
penguins_workflows
```

```
# A workflow set/tibble: 7 × 4
  wflow_id                  info             option    result
  <chr>                     <list>           <list>    <list>
1 species_logistic          <tibble [1 × 4]> <opts[0]> <list [0]>
```
出力

```
2 island_logistic            <tibble [1 × 4]> <opts[0]> <list [0]>
3 bill_length_mm_logistic    <tibble [1 × 4]> <opts[0]> <list [0]>
4 bill_depth_mm_logistic     <tibble [1 × 4]> <opts[0]> <list [0]>
5 flipper_length_mm_logistic <tibble [1 × 4]> <opts[0]> <list [0]>
6 body_mass_g_logistic       <tibble [1 × 4]> <opts[0]> <list [0]>
7 everything_logistic        <tibble [1 × 4]> <opts[0]> <list [0]>
```

workflow_set()関数の返り値は、データフレームを拡張したworkflow_setオブジェクトです。workflow_setオブジェクトを出力してみると、各モデル式とモデル名からなる変数wflow_id、info、option、resultの列が確認できます。wflow_idの値は変数とモデルの名称の組み合わせです。これは1行に1つのワークフローを格納していることを意味します。また、この段階ではモデルが実行されていないため、option、result列には空のリストを格納し、値を含みません。

workflow_map()関数によるワークフローの適用

それではリサンプリングデータを対象にモデルを適用します。**workflow_map()関数**は、先ほど作成したworkflow_setオブジェクトを第一引数にとります。第二引数のfn引数にはtuneパッケージおよびfinetuneパッケージのリサンプリングデータの学習に使う関数の名前（tune::fit_resamples()関数やtune::tune_grid()関数）を文字列で指定します。またfn引数で指定したfit_resamples()関数に渡す引数と値をworkflow_map()関数内で記述します。以下の例ではresamples引数にfoldsを与えていますが、これはfit_resamples(resamples = folds)とすることと同義です。

```
# リサンプリングデータへのワークフローの適用
penguins_workflows_fit <-
  penguins_workflows %>%
   workflow_map(fn = "fit_resamples",
                resamples = folds,
                # 乱数固定のための引数
                seed = 123)

penguins_workflows_fit
```

出力

```
# A workflow set/tibble: 7 × 4
  wflow_id                   info             option    result
  <chr>                      <list>           <list>    <list>
1 species_logistic           <tibble [1 × 4]> <opts[1]> <rsmp[+]>
2 island_logistic            <tibble [1 × 4]> <opts[1]> <rsmp[+]>
3 bill_length_mm_logistic    <tibble [1 × 4]> <opts[1]> <rsmp[+]>
4 bill_depth_mm_logistic     <tibble [1 × 4]> <opts[1]> <rsmp[+]>
```

```
5 flipper_length_mm_logistic <tibble [1 × 4]> <opts[1]> <rsmp[+]>
6 body_mass_g_logistic       <tibble [1 × 4]> <opts[1]> <rsmp[+]>
7 everything_logistic        <tibble [1 × 4]> <opts[1]> <rsmp[+]>
```

実行結果を確認します。モデルの適用前は空のリストであったoptionとresult列に値が確認できます。result列の表記には注意が必要です。"rsmp[+]"や"tune[+]"という値をとっていればモデルが正しく動いたことを示しますが、"[x]"という表示は該当する行のモデルが何らかの理由で失敗したことを意味します。ここではいずれのモデルでも正しく動作していますので次のステップに進みます。

rank_results() 関数による評価指標

複数のモデルの性能を比較するときに便利な**rank_results()関数**を紹介します。この関数はモデルの性能を示す評価指標の値を出力します。rank_metric引数に任意の評価指標を与えることでその結果を確認できますが、ここではこのモデルの中でデフォルトで与えられている精度（Accuracy）とAUCの値を確認します。

```
penguins_workflows_fit %>%
  rank_results()
```

```
# A tibble: 14 × 9                                                        出力
   wflow_id       .config .metric  mean std_err     n prepr… model  rank
   <chr>          <chr>   <chr>   <dbl>   <dbl> <int> <chr>   <chr> <int>
 1 island_logis… Prepro… accura… 0.917  0.0192    10 formula logi…     1
 2 island_logis… Prepro… roc_auc 0.972  0.0128    10 formula logi…     1
 3 everything_l… Prepro… accura… 0.909  0.0187    10 formula logi…     2
 4 everything_l… Prepro… roc_auc 0.970  0.0121    10 formula logi…     2
 5 flipper_leng… Prepro… accura… 0.918  0.0189    10 formula logi…     3
 6 flipper_leng… Prepro… roc_auc 0.970  0.0126    10 formula logi…     3
 7 bill_depth_m… Prepro… accura… 0.890  0.0324    10 formula logi…     4
 8 bill_depth_m… Prepro… roc_auc 0.960  0.0180    10 formula logi…     4
 9 species_logi… Prepro… accura… 0.893  0.0251    10 formula logi…     5
10 species_logi… Prepro… roc_auc 0.954  0.0118    10 formula logi…     5
11 bill_length_… Prepro… accura… 0.885  0.0285    10 formula logi…     6
12 bill_length_… Prepro… roc_auc 0.954  0.0154    10 formula logi…     6
13 body_mass_g_… Prepro… accura… 0.865  0.0224    10 formula logi…     7
14 body_mass_g_… Prepro… roc_auc 0.951  0.0161    10 formula logi…     7
# … with abbreviated variable name  preprocessor
```

視覚的にモデルの性能を比較することも可能です。workflow_setオブジェクトに対応したautoplot()関数を適用することで、評価指標別に各モデルの値を可視化できます。これにより視覚的に良いモデル、悪いモデルの選別が容易になります。この関数では特定の評価指標だけの結果を出力するためのmetric引数や、モデルの並びを制御するrank_metric引数を利用できます。

```
penguins_workflows_fit %>%
  autoplot(
    # accuracyの値を比較する
    metric = "accuracy") +
  guides(color = "none", shape = "none")
```

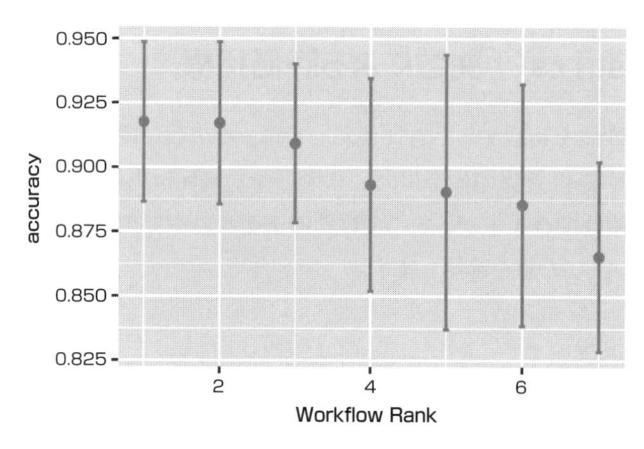

図4.1　workflow_setオブジェクトに対してリサンプリングデータを適用した結果をautoplot()関数で確認する

図4.1にpenguinsデータの各モデルの比較を行なった結果を示します。この結果やrank_results()関数の出力を見ると、精度の観点ではwflow_id列が"island_logistic"のモデル、すなわちisland変数以外を使ってロジスティック回帰を学習した場合が最も性能の良いモデルと判断できます。

 extract_workflow()関数によるモデル情報の参照

workflow_setオブジェクトから最良のモデル、または任意のモデルの情報を参照するには、**extract_workflow()関数**を用います。参照したいworkflow_setオブジェクトのwflow_id列の値をid引数に与えて実行します。

```
# island_logisticのワークフローを参照
# 出力はworkflowオブジェクト
extract_workflow(penguins_workflows, id = "island_logistic")
```

```
══ Workflow ═══════════════════════════════════════════════════════ 出力
════════════════════════════════
Preprocessor: Formula
Model: logistic_reg()

── Preprocessor ──────────────────────────────────────────────────
──────────────────────────────
sex ~ species + bill_length_mm + bill_depth_mm + flipper_length_mm +
    body_mass_g

── Model ─────────────────────────────────────────────────────────
────────────────────────────────────
Logistic Regression Model Specification (classification)

Computational engine: glm
```


workflow_set() 関数による複数のレシピ・モデルの適用

変数選択はモデルの性能評価に重大な影響を及ぼす作業ですが、より効果の大きい作業は前処理の適用やモデルの種類の変更です。続いてはworkflowsetsの枠組みを用いて、複数の前処理レシピ、モデルを適用する例を紹介します。

新たにChicagoデータを利用します。このデータはIllinois州Chicagoで運行する鉄道における日ごとの利用者情報を記録しています。以下のコマンドを実行し、1年分のデータを利用できる状態にします。

```
# Chicagoデータの読み込み
data("Chicago", package = "modeldata")
# 先頭から365行を抽出
Chicago <-
  Chicago %>%
  slice_head(n = 365)
```

乗客者数（ridership）を予測するモデルを考えます。最初の前処理レシピでは、試したいレシピで共通して適用する、核となる処理を用意することにしました。このレシピをもとにして、さらにいくつかの前処理を施すための追加のレシピを生成していきます。

```
# 最初のレシピを作成
base_recipe <-
   recipe(ridership ~ ., data = Chicago) %>%
   # 1. 日付に関わる要素(年月日)を特徴量として扱う
```

```
    step_date(date) %>%
    # 2. 日付が祝日かどうかの特徴量を追加する
    step_holiday(date) %>%
    # 3. 日付を示すdate列をidとして処理(モデルから無視する)
    update_role(date, new_role = "id") %>%
    # 4. 因子型の変数に対するダミー変数化
    step_dummy(all_nominal()) %>%
    # 5. 単一の値からなる変数の削除
    step_zv(all_predictors()) %>%
    # 6. 平均0、標準偏差1となるような標準化
    step_normalize(all_predictors())
```

2つ目のレシピは、相関係数の高い列のいずれかを除外するstep_corr()関数を追加したfilter_rec、3つ目のレシピはPCAによる次元削減を行なうpca_recです。以下のように生成します。

```
# 2つ目のレシピ。最初のレシピにstep_corr()関数を追加
filter_rec <-
    base_recipe %>%
    step_corr(all_of(stations), threshold = tune())

# 3つ目のレシピ。最初のレシピに対してPCAの処理を追加したもの
pca_rec <-
    base_recipe %>%
    step_pca(all_of(stations), num_comp = tune()) %>%
    step_normalize(all_predictors())
```

続いてモデルを定義します。ここでも異なる種類のモデルを検討します。glmnetパッケージによる正則化モデル、rpartパッケージによる木ベースのモデル、kknnパッケージをエンジンとした*k*近傍法モデルの3つを次のようにして用意します。

```
# 正則化
regularized_spec <-
    linear_reg(penalty = tune(), mixture = tune()) %>%
    set_engine("glmnet")

# 木モデル
cart_spec <-
    decision_tree(cost_complexity = tune(), min_n = tune()) %>%
    set_engine("rpart") %>%
    set_mode("regression")

# k近傍法
knn_spec <-
```

```
  nearest_neighbor(neighbors = tune(), weight_func = tune()) %>%
  set_engine("kknn") %>%
  set_mode("regression")
```

試したいレシピとモデルができたらworkflowsetsに組み込みましょう。複数のモデル式からなるモデルを比較する際に使った`workflow_set()`関数をここでも利用しますが、レシピがある点、モデルを複数与える点で前回とは異なります。モデル式を含んだレシピは引数`preproc`に、parsnipパッケージでのモデル仕様は`models`引数に、それぞれ`list()`関数で与えます。このとき`list()`関数の要素に名前を付けておくと`workflow_set`オブジェクトを生成したときの`wflow_id`列の値に反映されます。

```
# 3つのレシピ、モデルからなる9つのワークフローを生成
chi_models <-
  workflow_set(
    # 名前付きのリストを与えるとworkflow_setオブジェクトのwflow_idの値に利用される
    preproc = list(simple = base_recipe,
                   filter = filter_rec,
                   pca = pca_rec),
    models = list(glmnet = regularized_spec,
                  cart = cart_spec,
                 knn = knn_spec),
    # 3つのレシピと3つのモデルの組み合わせを用意する
    cross = TRUE)

chi_models
```

```
# A workflow set/tibble: 9 × 4                                          出力
  wflow_id      info             option    result
  <chr>         <list>           <list>    <list>
1 simple_glmnet <tibble [1 × 4]> <opts[0]> <list [0]>
2 simple_cart   <tibble [1 × 4]> <opts[0]> <list [0]>
3 simple_knn    <tibble [1 × 4]> <opts[0]> <list [0]>
4 filter_glmnet <tibble [1 × 4]> <opts[0]> <list [0]>
5 filter_cart   <tibble [1 × 4]> <opts[0]> <list [0]>
6 filter_knn    <tibble [1 × 4]> <opts[0]> <list [0]>
7 pca_glmnet    <tibble [1 × 4]> <opts[0]> <list [0]>
8 pca_cart      <tibble [1 × 4]> <opts[0]> <list [0]>
9 pca_knn       <tibble [1 × 4]> <opts[0]> <list [0]>
```

`workflow_set(cross = TRUE)`の指定により、レシピとモデルの組み合わせからなるワークフローが作成できました。`workflow_set`オブジェクトはデータフレーム形式で作成されています。特定のレシピとモデルを除外したい場合は、`dplyr::filter()`関数などを使って、任意の`wflow_id`を残す、または取り除くことができます。

 時系列データのモデル選択

続いて**sliding_period()関数**を使って、Chicagoデータの時系列リサンプリングを行ないます。この関数の引数の詳細については1章を参照してください。

```
splits <-
   sliding_period(
      Chicago,
      # 時間インデックス: 対象となる日付・時間の変数
      index = date,
      # データが日ごとに与えられており、日ごとに処理することを宣言
      period = "day",
      # 各リサンプリングにおいて分析セットの件数を300+1件にする
      lookback = 300,
      # 各リサンプリングの評価セットには
      # 分析セットの最後の日付から7日分とする
      assess_stop = 7,
      # 各リサンプリングにおける分析セットの時間間隔を
      # 7(ここでは日数)とする
      # 評価セットの数だけずらしているため、
      # データの重複が発生しなくなる
      step = 7)
splits
```

出力

```
# Sliding period resampling
# A tibble: 9 × 2
  splits          id
  <list>          <chr>
1 <split [301/7]> Slice1
2 <split [301/7]> Slice2
3 <split [301/7]> Slice3
4 <split [301/7]> Slice4
5 <split [301/7]> Slice5
6 <split [301/7]> Slice6
7 <split [301/7]> Slice7
8 <split [301/7]> Slice8
9 <split [301/7]> Slice9
```

ここで試すモデルはいずれも、tune()関数によるハイパーパラメータ調整を指定しています。そのためworkflow_map()関数によるworkflow_setオブジェクトへのリサンプリングデータの適用の際も、fn引数にはグリッドサーチのtune_grid()関数を文字列として宣言することになります。その他の引数オプション、resamples引数へのリサンプリングデータの指定、tune_gird()関数に渡される引数の指定などはモデル選択を行なったときと同様です。

```
set.seed(123)
chi_models <-
   chi_models %>%
   workflow_map(fn = "tune_grid",
                resamples = splits,
                grid = 10,
                metrics = metric_set(rmse),
                verbose = FALSE)

chi_models
```

```
# A workflow set/tibble: 9 × 4                                                出力
  wflow_id       info             option     result
  <chr>          <list>           <list>     <list>
1 simple_glmnet <tibble [1 × 4]> <opts[3]> <tune[+]>
2 simple_cart   <tibble [1 × 4]> <opts[3]> <tune[+]>
3 simple_knn    <tibble [1 × 4]> <opts[3]> <tune[+]>
4 filter_glmnet <tibble [1 × 4]> <opts[3]> <tune[+]>
5 filter_cart   <tibble [1 × 4]> <opts[3]> <tune[+]>
6 filter_knn    <tibble [1 × 4]> <opts[3]> <tune[+]>
7 pca_glmnet    <tibble [1 × 4]> <opts[3]> <tune[+]>
8 pca_cart      <tibble [1 × 4]> <opts[3]> <tune[+]>
9 pca_knn       <tibble [1 × 4]> <opts[3]> <tune[+]>
```

この結果も、モデル選択のワークフローで紹介したrank_results()関数やautoplot()関数を使って確かめてみましょう。今回行なったグリッドサーチでは、各モデルとレシピに対して10個の値の組み合わせを適用しています。そのため、各モデルとレシピの組み合わせにおいて最良の候補のみを出力するよう、rank_results()関数の引数select_bestにTRUEを与えてみることにします。

```
# RMSEが最良となるグリッドのみを表示する
chi_models %>%
  rank_results(rank_metric = "rmse",
               select_best = TRUE) %>%
  select(rank, mean, model, wflow_id, .config)
```

```
# A tibble: 9 × 5                                                              出力
   rank  mean model          wflow_id      .config
  <int> <dbl> <chr>          <chr>         <chr>
1     1  2.61 linear_reg     pca_glmnet    Preprocessor3_Model1
2     2  2.68 linear_reg     filter_glmnet Preprocessor09_Model1
3     3  2.72 linear_reg     simple_glmnet Preprocessor1_Model03
4     4  3.41 decision_tree  simple_cart   Preprocessor1_Model09
5     5  4.33 decision_tree  filter_cart   Preprocessor10_Model1
```

```
6      6  4.40 decision_tree    pca_cart      Preprocessor3_Model2
7      7  4.60 nearest_neighbor pca_knn       Preprocessor4_Model1
8      8  4.63 nearest_neighbor simple_knn    Preprocessor1_Model05
9      9  4.73 nearest_neighbor filter_knn    Preprocessor07_Model1
```

レシピの内容によらず、glmnetを使った正則化のモデルが最も良い結果となることがわかりました。autoplot()関数においても、各モデルでのベストモデルとなる組み合わせを確認するにはselect_best引数に対してTRUEを指定して実行します（図4.2）。

```
autoplot(chi_models, select_best = TRUE) +
  guides(shape = "none", color = "none") +
  facet_wrap(~ model, scales = "free_x")
```

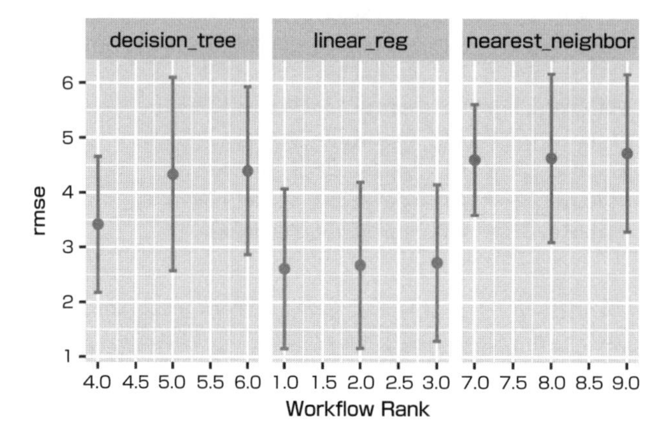

●図4.2　3つのレシピとモデルを組み合わせてグリッドサーチを行なったワークフローの結果をまとめて表示する

4-3 まとめと参考文献

モデリングの作業は、1つの前処理やモデルを適用しただけでは不十分です。より多くの前処理、モデルを試すことで、精度の高いモデルの傾向がわかるようになります。tidymodelsではrecipesパッケージの前処理レシピ、parsnipパッケージによるモデルの仕様を複数作成することで比較・検討ができるようになりますが、オブジェクトの数が増えることでその管理が困難になります。workflowsパッケージはレシピとモデル仕様をワークフローとして扱います。その中で必要に応じてレシピとモデルの仕様変更が可能です。さらにworkflowsetsパッケージを用いることで、複数のレシピ、モデルの比較を簡易化できます。

- Gareth James, Daniela Witten, Trevor Hastie, Robert Tibshirani(著), 落海 浩, 首藤信通(翻訳), "Rによる統計的学習入門", 朝倉書店, 2018.
- Max Kuhn, Kjell Johnson "Feature Engineering and Selection: A Practical Approach for Predictive Models" Chapman and Hall/CRC; 第1版, 2021.
- "Tidy Modeling with R" https://www.tmwr.org/workflow-sets.html

第5章

ハイパーパラメータチューニング

ハイパーパラメータの調整によって、より汎化性能の高いモデルを作成できます。本章ではtuneパッケージやdialsパッケージを利用することで、ハイパーパラメータの調整が容易になることを解説します。

本章の内容

5-1 ハイパーパラメータチューニングの流れ

未知のデータに対する適応性能を一般的に**汎化性能**と呼び、アルゴリズムのパラメータを調整して汎化性能を高めることを**ハイパーパラメータチューニング**と呼びます。2章でモデルを学習データに適用しましたが、その際に行なったハイパーパラメータ調整がハイパーパラメータチューニングです[注5.1]。

ハイパーパラメータを決定する際、基準となるのは未知のデータへの適合度、つまり汎化性をどれだけ担保できるかです。機械学習モデルを作成するプロセスにおいては、以下のような手順でハイパーパラメータチューニング（調整）を行ないます。

手順1. データを学習データと評価データに分割する
手順2. 学習データをさらに学習データと検証データに分割する（交差検証法を用いる場合）
手順3. ハイパーパラメータをある値に設定して、モデルに学習データを適用する
手順4. 学習済みのモデルに検証データを適用し、予測精度を算出する
手順5. 手順3.と手順4.を何度も繰り返し、予測精度の良いハイパーパラメータを決定する
手順6. 最良のハイパーパラメータでモデルを作成する
手順7. 評価データに対して予測を行ない、最終的な予測精度を算出する

上記の手順5、モデルへの学習データの適用と検証データを用いた予測精度の算出を繰り返してハイパーパラメータを決定する工程が、ハイパーパラメータチューニングの作業にあたります。次節ではハイパーパラメータチューニングに用いる手法を紹介し、5-3節では上記の手順をふまえて、tidymodelsを用いてどのようにハイパーパラメータの調整を行なうか解説していきます。

5-2 ハイパーパラメータチューニングの手法

最適なハイパーパラメータを見つける手法はいくつかあります。本節では代表的なハイパーパラメータチューニングに用いられる手法について説明します。

注5.1　本章では、パラメータとハイパーパラメータを用語として明確に区別しています。モデルが作成された結果、モデルの挙動（重み）を制御する数値を"パラメータ"、モデルを作成するためのアルゴリズム内でモデルの汎化性能を制御する数値を"ハイパーパラメータ"とします。

グリッドサーチ

ハイパーパラメータチューニングの代表的な手法の1つに、**グリッドサーチ**があります。グリッドサーチは探索するハイパーパラメータの範囲をあらかじめ指定し、一定の間隔で格子（グリッド）を作成し、その格子点のハイパーパラメータの組み合わせをすべて計算する方法です。

例えば、ランダムフォレストではいくつかのハイパーパラメータを設定しますが、特に重要なのは以下の3つです（表記は`parsnip::rand_forest()`関数を使ったときのハイパーパラメータ名です）。

- `trees`：木の数。1,000のように決め打ちの数字を使う。大きすぎると実行時間が遅くなる
- `min_n`：ノードに含まれるサンプルサイズの下限。このハイパーパラメータを大きくすると、過学習を防ぐ効果がある[注5.2]
- `mtry`：木の分割に使用する特徴量の数

ランダムフォレストでハイパーパラメータチューニングを行なう際は`min_n`と`mtry`の調整をすることが多いです。グリッドサーチでは、ハイパーパラメータの個数（今回は2つ）の次元で格子を作り、すべての格子点に対して精度を求めます。つまり、この格子点の組み合わせごとにモデルを作成し、評価データへの予測精度を算出します。図5.1は格子点ごとの予測精度の良さを丸の大きさで表し、白い丸は最も良いハイパーパラメータの組み合わせを表します。最後に、最も精度の良いハイパーパラメータを採用し、モデルを作成します。

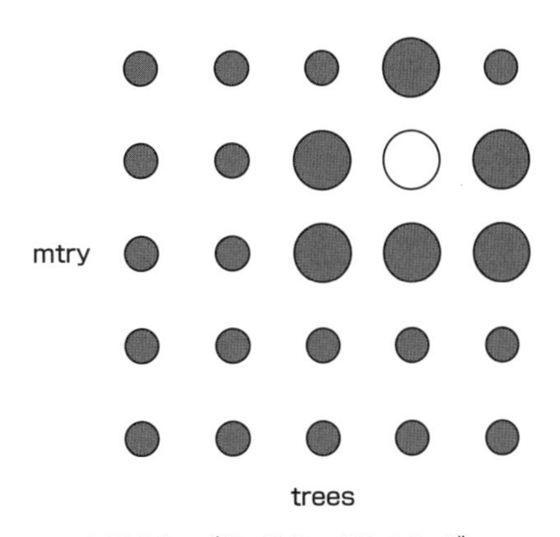

図5.1　グリッドサーチのイメージ

注5.2　ノードに含まれるサンプルサイズが小さいと、小さいサンプルしか学習（ここでは決定木の枝分かれの分岐規則を発見すること）ができず、過学習に陥る可能性が高くなります。サンプルサイズを大きくすることで、より強い正則化をかけることができます。本書ではこれ以上詳しい説明には踏み込みません。

グリッドサーチは指定したハイパーパラメータの組み合わせを網羅的に探索するので、探索範囲を適切に設定できれば、最も高い精度を出すハイパーパラメータを見つけることができます。しかし、網羅的に探索するため、データ量や探索するハイパーパラメータの組み合わせが多いと計算に時間がかかるという欠点があります。

次に説明するランダムサーチは、この欠点を補うことができる手法です。

ランダムサーチ

ランダムサーチはグリッドサーチと同様に探索範囲を設定しますが、すべての格子点を探索するのではなく、各ハイパーパラメータで指定した数だけランダムに選択し、評価します。

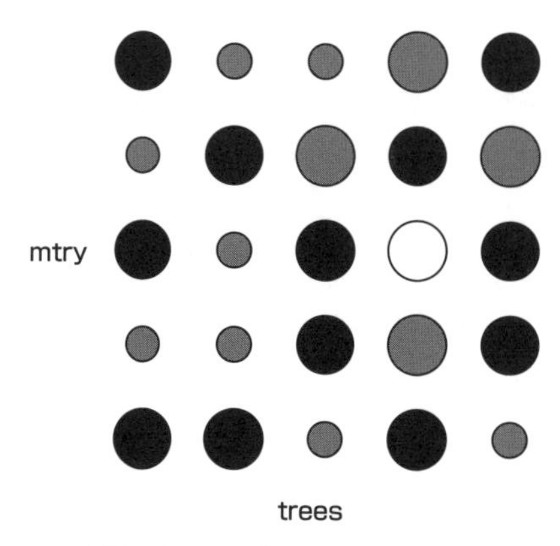

図5.2　ランダムサーチのイメージ

図5.2はランダムサーチによるハイパーパラメータの探索を表しており、黒い丸は探索されなかった格子点を表しています。ランダムサーチは効率面でメリットがあります。例えば、グリッドサーチでは、`mtry`を探索している間、`min_n`はまったく同じ値で固定されるので、探索されるハイパーパラメータの値の数が少なく非効率な面があります。ランダムサーチは探索するすべてのハイパーパラメータの組み合わせすべてがランダムに選ばれるので、探索される値の数が多く、相対的に見て効率が良いと言えます。

また、ランダムサーチは探索する格子点が完全にランダムに決まるため最適なハイパーパラメータにたどり着かない可能性がありますが、網羅的な探索をしないため計算時間を短縮できます。

グリッドサーチとランダムサーチには、探索範囲に依存する精度と計算時間にトレードオフの関係があることがわかりました。最後に説明するベイズ最適化では、これらの問題を同時に解決することができます。

ベイズ最適化

ベイズ最適化を用いたハイパーパラメータチューニングは、確率過程を用いて"精度が良さそうな場所を優先的に探索する"手法です。探索範囲を指定し、すべての格子点を探索するわけではないので、ランダムサーチよりも高い精度、かつグリッドサーチよりも短い計算時間でハイパーパラメータチューニングを行なうことができます。

ベイズ最適化を用いたハイパーパラメータ探策のしくみを簡単に説明します。ここでは、確率過程の中でもベイズ最適化で最もよく用いられるガウス過程を例に用います。まず、探索範囲と初期値（=5）を指定します。初期値に対して精度を計算した結果、図5.3のようになったとします。

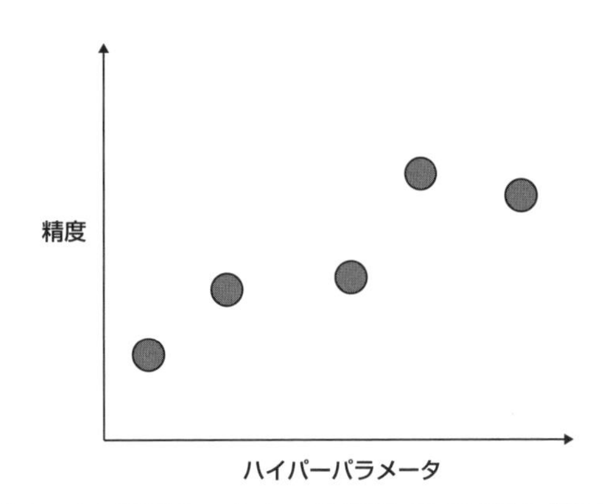

図5.3　ベイズ最適化のプロセス（初期値に基づき精度を算出する）

この5点が精度として得られたとして、これを表現する関数はどのようなハイパーパラメータをとるかをガウス過程を用いて導出します。もしこの関数が図5.4の実線のように表現できれば、点線で囲まれた部分（探索範囲）を重点的に探索することで、最も精度が高くなるハイパーパラメータを見つけることができそうです。

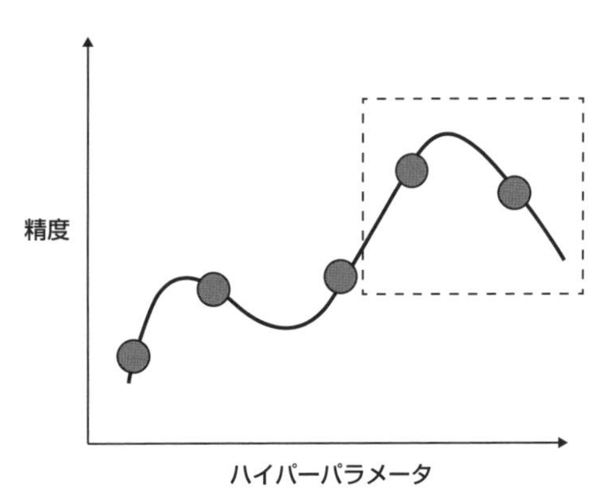

図5.4　ベイズ最適化のプロセス（関数を導出し指定された範囲を探索する）

ただし、この実線は予測された未知のものです。初期値を5に設定して予測したので、さらに点を増やすと関数の形が同定できそうです。このとき、次に探索すべき点は、獲得関数と呼ばれる関数を最大化するように決定されます。この獲得関数は、"あまり点が密集していないところ(＝まだあまり探索しておらず精度の不確かさが大きいところ)"と"精度が良さそうなところ"のバランスをとりながら次に探索する点を決定します。このバランスをとる方法として、表5.1に示すような戦略が提案されています。

●表5.1　獲得関数を用いた次の点の探索で使用される戦略

戦略名	概要	特徴
PI（Probability of Improvement；改善確率）	現在の精度の最高値（y^{best}）を超える確率が最も高い点を次に探索	シンプルでわかりやすいが局所解に陥ることもある
EI（Expected Improvement；期待改善量）	評価値と現在の最高値の差の期待値（$E[y - y^{best}]$）が最も高くなる点を次に探索	一般的に使われており、tune::tune_bayes()関数のデフォルトに設定されている[注5.3]
UCB（Upper Confidence Bound；上側信頼限界）	評価値の信頼区間の上限が最も高い点を次に探索	理論的に最適解にたどり着く保証がある[注5.4]

ベイズ最適化に関する理論的な詳細は、章末の参考文献を参照してください。次節では、これらの手法を用いたハイパーパラメータチューニングの例を紹介します。

5-3 tuneパッケージによるハイパーパラメータチューニング

本節では、tidymodelsを用いて、交差検証法をしながらランダムフォレストのハイパーパラメータをチューニングし、最適な組み合わせを見つける方法について説明します。本書で解説してきたtidymodelsの機能を用いるので、復習として読んでいただけると思います。

tuneパッケージによるハイパーパラメータの探索

まず、学習データと評価データに分割し、学習データをさらに交差検証法のために分割します。ここでは、10-foldsの交差検証法を行ないます。

```
# 学習データと評価データの分割
set.seed(71)
ames_raw <- ames
split_ames_df <- initial_split(ames_raw,
```

注5.3　PIは改善する確率だけを考慮しており、改善幅は考慮しない一方、EIは改善幅も考慮できるため、デフォルト値として使用されています。
注5.4　Niranjan et al., 2009 "Gaussian Process Optimization in the Bandit Setting: No Regret and Experimental Design"

```
                              strata = "Sale_Price")
ames_train <- training(split_ames_df)
ames_test <- testing(split_ames_df)

# 交差検証法のため学習データをさらに分割
ames_cv_splits <- vfold_cv(ames_train,
                           strata = "Sale_Price",
                           v = 10)
```

交差検証法のデータ分割の際、目的変数のSale_Priceが分割したグループごとに偏らないよう、vfold_cv()関数のstrata引数で指定しておきます。

以下が前処理用のレシピです。それぞれのstep_*()関数については、1章を参照してください。

```
ames_rec <-
  recipes::recipe(Sale_Price ~ ., data = ames_train) %>%
  recipes::step_log(Sale_Price, base = 10) %>%
  recipes::step_YeoJohnson(Lot_Area, Gr_Liv_Area) %>%
  recipes::step_other(Neighborhood, threshold = .1)  %>%
  recipes::step_zv(recipes::all_predictors())
```

次に、4章で説明したワークフローを作ります。parsnipパッケージのモデル作成関数（ランダムフォレストであれば、rand_forest()関数）でハイパーパラメータの値を直接指定するときに、値の代わりに**tuneパッケージのtune()関数**を指定することで、ワークフロー内でハイパーパラメータチューニングができます。

例えば、以下のコードでは、AmesHousingデータを用いて販売価格（Sale_Price）を予測する回帰モデルを作成する際に、ランダムフォレストのハイパーパラメータmtryとtreesを探索するハイパーパラメータとして設定しています[注5.5]。

```
# ワークフローの設定
ames_rf_cv <-
  workflows::workflow() %>%
  workflows::add_recipe(ames_rec) %>%
  workflows::add_model(
    parsnip::rand_forest(
      # 探索したいハイパーパラメータにはtune()関数を設定
      mtry = tune::tune(),
      trees = tune::tune()
      ) %>%
```

注 5.5　本章の冒頭で述べている通り、通常 trees は十分大きな値で決め打ちすることが多いです。今回は、tune パッケージの使い方を説明する例として、trees を調整しています。

```
    parsnip::set_engine("ranger",
                        num.threads = parallel::detectCores()) %>%
    parsnip::set_mode("regression"))
```

前述したグリッドサーチにおいては、探索する範囲をあらかじめ指定しました。以下の手順を踏むと、前処理のプロセスに影響することなく、ハイパーパラメータの範囲を設定できます。

手順1. `parameters`オブジェクトを作成する

手順2. 手順1.を`dials::grid_*()`関数に渡すことで、ハイパーパラメータの探索範囲（格子）を作成する

まず手順1.の`parameters`オブジェクトを作成するには、探索したいハイパーパラメータ名と対応する関数を使ってリストにまとめます。この関数はdialsパッケージに含まれています。

```
rf_params <-
  list(trees(),
       mtry() %>%
         dials::finalize(ames_rec %>% prep() %>%  bake(new_data = NULL) %>%
                           select(!Sale_Price))) %>%
  dials::parameters()
rf_params
```

```
Collection of 2 parameters for tuning                                    出力

 identifier  type    object
      trees trees nparam[+]
       mtry  mtry nparam[+]
```

`trees()`関数や`mtry()`関数はdialsパッケージに含まれる関数です。`mtry`は木を分割する際の判断に使用する特徴量の数を表すハイパーパラメータですが、モデルに使う特徴量の数は前処理の内容によって変動します。そのため、dialsパッケージの`finalize()`関数に前処理レシピの作成関数（`prep()`関数）やデータに前処理を施す関数（`bake()`関数）を適用した状態から、目的変数を取り除いた特徴量の数を渡すことで全特徴量の数を定義しています。これに対して**`parameters()`関数**を適用することで、後の関数でハイパーパラメータ調整をするためのオブジェクトを作成します。

dialsパッケージには、parsnipパッケージのモデル作成関数に応じて、そのモデルで用いるアルゴリズムで使われる一般的なハイパーパラメータに対応した関数が含まれています。例えば、以下のような関数があります。

- cost()関数、svm_margin()関数：SVM用のハイパーパラメータ
- trees()関数、min_n()関数、tree_depth()関数：樹木モデルのハイパーパラメータ
- mtry()関数、mtry_long()関数：特徴量をランダムサンプリングする手法のハイパーパラメータ
- epochs()関数、batch_size()関数：ニューラルネットワークのハイパーパラメータ

次に、手順2.のdials::grid_*()関数に渡すことで、実際の探索範囲（格子）を作成します。

```
rf_grid_range <-
  rf_params %>%
  dials::grid_random(size = 5)
```

grid_*()関数を使って、以下に挙げるグリッドサーチに用いる手法を選択します。

- grid_regular()関数：等間隔にグリッドを作成。グリッドサーチ
- grid_random()関数：ランダムサーチ
- grid_max_entropy()関数：ハイパーパラメータ空間全体をカバーし、エントロピーが最大になるようにグリッドを配置
- grid_latin_hypercube()関数：高次元におけるサンプリング手法（ラテン超方格法）の一種で、パラメータ空間全体から、より少ないサンプリング数で空間をより均一にカバーできるという特徴がある

grid_random()関数のsize引数で、探索する格子点の数を指定します。本書では計算時間の都合上5を指定していますが、実際のモデリングの際は50などもっと多いほうがよいでしょう。ただし、size引数を増やせば実行時間は長くなるので注意が必要です。

grid_*()関数によって作成したrf_grid_rangeオブジェクトには、探索すべきハイパーパラメータの組み合わせが入っています。

```
rf_grid_range
```

```
# A tibble: 5 × 2
  trees  mtry
  <int> <int>
1  1325    50
2   641    15
3  1491     9
4  1456    73
5   230    35
```
出力

以上で、ハイパーパラメータチューニングの準備が整いました。以下のようにしてチューニングを実行します。

```
# ランダムサーチの実行
ames_rf_grid <-
  ames_rf_cv %>%
  tune::tune_grid(resamples = ames_cv_splits,
                  grid = rf_grid_range,
                  control = tune::control_grid(save_pred = TRUE),
                  metrics = yardstick::metric_set(rmse))
```

2章と3章で解説したように、機械学習では評価指標を使って、モデルの精度が良いか悪いかを判断し、モデル改善につなげていきます。ここでは、回帰モデルで用いられる二乗平均平方根誤差を使うことにします。tune_grid()関数のmetrics引数にmetric_set(rmse)を指定します。

 モデル選定と再評価

tune_grid()関数で探索時の評価指標の値を確認するには、autoplot()関数を使います。

```
autoplot(ames_rf_grid)
```

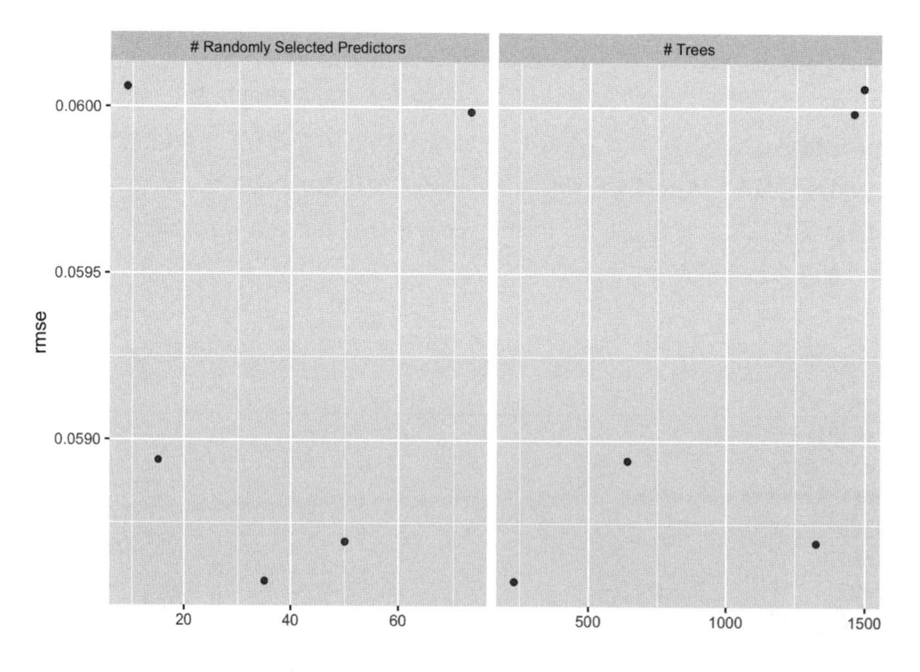

●図5.5　autoplot()関数によるチューニング結果の可視化

各ハイパーパラメータに対して、探索点と評価指標の値（今回は**rmse**）が可視化されます（図5.5）。横軸が探索したハイパーパラメータの数値、縦軸が評価指標の値です。**rmse**が最小になるそれぞれのハイパーパラメータの値を確認でき、モデル改善時に指定する数値を決定できます。

また、**tune::show_best()関数**を使って、探索点と評価値について表形式で数値を確認できます。**rmse**が小さい順にソートされているので、1行目で最適なハイパーパラメータの正確な値を知ることができます。

```
# 最適なハイパーパラメータを選択
ames_rf_grid_best <-
  ames_rf_grid %>%
  tune::show_best()

ames_rf_grid_best
```

```
# A tibble: 5 × 8                                                    出力
   mtry trees .metric .estimator   mean     n std_err .config
  <int> <int> <chr>   <chr>       <dbl> <int>   <dbl> <chr>
1    35   230 rmse    standard   0.0586    10 0.00313 Preprocessor1_Mod…
2    50  1325 rmse    standard   0.0587    10 0.00284 Preprocessor1_Mod…
3    15   641 rmse    standard   0.0589    10 0.00352 Preprocessor1_Mod…
4    73  1456 rmse    standard   0.0600    10 0.00265 Preprocessor1_Mod…
5     9  1491 rmse    standard   0.0601    10 0.00365 Preprocessor1_Mod…
```

今回は、**mtry**は35、**trees**は230が最適な値とわかりました。最後に、チューニングで評価指標が最も良い結果（今回の例では**rmse**が最小）となったハイパーパラメータの値をモデルに設定し、学習データで再学習をさせたモデルをつくります。このモデルで計算された評価指標が、今回のハイパーパラメータチューニングにおける最終的な精度となります。tidymodelsでは、この再学習をワークフローの更新という形で実行します。

モデル作成やワークフローの更新にはこれまで紹介した関数を使用しますが、更新したワークフローでデータセットにモデル適用する部分と、最終的な精度を算出する部分には、それぞれtuneパッケージの**last_fit()関数**と**collect_metrics()関数**を用います。

```
# 選んだハイパーパラメータでモデル作成
ames_rf_model_best <-
  parsnip::rand_forest(
    # 最適なハイパーパラメータを選択
    # 1行目を選択
    trees = ames_rf_grid_best$trees[1],
    mtry = ames_rf_grid_best$mtry[1]
  ) %>%
  parsnip::set_engine("ranger",
```

```
                        seed = 71) %>%
  parsnip::set_mode("regression")

# ワークフローの更新
ames_rf_cv_last <-
  ames_rf_cv %>%
  workflows::update_model(ames_rf_model_best)

# 更新したワークフローで学習データ全体にモデル適用
ames_rf_last_fit <-
  ames_rf_cv_last %>%
  tune::last_fit(split_ames_df)

# 最終的な精度を算出
last_rmse <- ames_rf_last_fit %>%
  tune::collect_metrics()

last_rmse
```

出力

```
# A tibble: 2 × 4
  .metric .estimator .estimate .config
  <chr>   <chr>          <dbl> <chr>
1 rmse    standard      0.0527 Preprocessor1_Model1
2 rsq     standard      0.913  Preprocessor1_Model1
```

今回のチューニングによる最終的な精度は`rmse`が0.0527となることがわかりました。回帰においてモデルのあてはまりを示すR^2（決定係数）は`rsq`として0.913と出力されています。

ベイズ最適化によるハイパーパラメータチューニング

ベイズ最適化を用いたハイパーパラメータチューニングには**tune::tune_bayes()関数**を用います。以下の引数を指定します。

- `param_info`引数：ハイパーパラメータの探索範囲
- `initial`引数：初期値。関数形をつくるため初期値には何点か必要（本書では5を使用）。また、もともと`tune_grid()`関数などで探索した結果があればそれを利用することもできる
- `iter`引数：試行回数（探索する点の数）。多くするとより多くの点を探索する。ただし、`tune_grid()`関数で探索範囲を広げたり、`tunr_rondom()`関数で探索個数を増やしたときと同様に、メモリの使用量も増え、計算時間も長くなるため注意が必要

```
ames_rf_bayes <-
  ames_rf_cv %>%
  tune::tune_bayes(
    resamples = ames_cv_splits,
    param_info = rf_params,
    initial = 5,
    iter = 5,
    metrics = yardstick::metric_set(rmse))
```

最適なハイパーパラメータを取り出すには、同じようにtune::show_best()関数を使います。

```
ames_rf_bayes_best <-
  ames_rf_bayes %>%
  tune::show_best()
ames_rf_bayes_best
```

出力

```
# A tibble: 5 × 9
   mtry trees .metric .estimator   mean     n std_err .config          .iter
  <int> <int> <chr>   <chr>       <dbl> <int>   <dbl> <chr>            <int>
1    33   575 rmse    standard   0.0583    10 0.00311 Preprocesso…         0
2    20   323 rmse    standard   0.0584    10 0.00328 Preprocesso…         0
3    29   683 rmse    standard   0.0585    10 0.00319 Iter5                5
4    26   455 rmse    standard   0.0586    10 0.00335 Iter3                3
5    57  1769 rmse    standard   0.0590    10 0.00280 Preprocesso…         0
```

mtryは33、treesは575が最適なハイパーパラメータであることがわかりました。

最適なハイパーパラメータを使ったモデル作成とワークフローの更新、そのワークフローによる学習データ全体へのモデル適用は、グリッドサーチと同じコードを使用しているため、ここでは割愛します。コードの詳細は本書のサポートサイトをご覧ください。

5-4 まとめと参考文献

本章では、tuneパッケージとdialsパッケージを用いてハイパーパラメータチューニングを行なう手順（図5.6）について説明をしました。

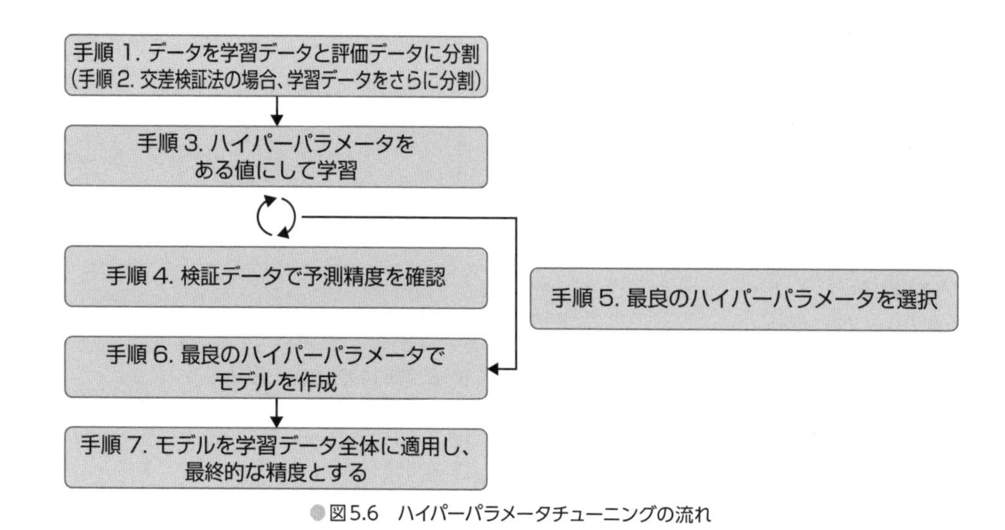

●図5.6　ハイパーパラメータチューニングの流れ

ハイパーパラメータの調整は機械学習モデリングではほぼ必須の作業なので、ぜひこれらのパッケージを使いこなせるようになりましょう。

- Niranjan Srinivas, Andreas Krause, Sham M. Kakade, Matthias Seeger "Gaussian Process Optimization in the Bandit Setting: No Regret and Experimental Design" https://arxiv.org/abs/0912.3995, 2009.
- 門脇大輔, 阪田隆司, 保坂桂佑, 平松雄司(著), "Kaggleで勝つデータ分析の技術", 技術評論社, 2019.
- C.M. ビショップ(著), 元田 浩, 栗田多喜夫, 樋口知之, 松本裕治, 村田 昇(監訳), "パターン認識と機械学習 上", 技術評論社, 2012.
- C.M. ビショップ(著), 元田 浩, 栗田多喜夫, 樋口知之, 松本裕治, 村田 昇(監訳), "パターン認識と機械学習 下", 技術評論社, 2012.
- 持橋大地, 大羽成征(著), "ガウス過程と機械学習", 講談社, 2019.
- "Model tuning via grid search" https://www.tidymodels.org/learn/work/tune-svm/
- "Iterative Bayesian optimization of a classification model" https://www.tidymodels.org/learn/

第6章

自然言語処理における tidymodels 実践

本章では、1～5章で解説したtidymodelsの使い方を参考に、実際のデータでどのようなモデリングができるのか、応用例を示します。また今回はテキストデータの扱うため、データの性質上、前処理レシピとしてテキスト処理を使う方法を併せて紹介します。

本章の内容

6-1 データと形態素解析器MeCabの準備

データの概要

本章では、文書を分類するモデルをtidymodelsで作成し、精度の評価を行ないます。今回使うデータは、自然言語処理の例としてよく用いられる「livedoorニュースコーパス」です。このコーパスの概要について、提供元である株式会社ロンウイットは以下のように説明しています。

URL https://www.rondhuit.com/download.html

本コーパスは、NHN Japan株式会社が運営する「livedoor ニュース」のうち、下記のクリエイティブ・コモンズライセンスが適用されるニュース記事を収集し、可能な限りHTMLタグを取り除いて作成したものです。

トピックニュース http://news.livedoor.com/category/vender/news/

Sports Watch http://news.livedoor.com/category/vender/208/

ITライフハック http://news.livedoor.com/category/vender/223/

家電チャンネル http://news.livedoor.com/category/vender/kadench/

MOVIE ENTER http://news.livedoor.com/category/vender/movie_enter/

独女通信 http://news.livedoor.com/category/vender/90/

エスマックス http://news.livedoor.com/category/vender/smax/

livedoor HOMME http://news.livedoor.com/category/vender/homme/

Peachy http://news.livedoor.com/category/vender/ldgirls/

このように、ニュース記事の文書は9つのカテゴリに分かれた状態で提供されています。つまり、機械学習による文書分類においては、文書に9つのラベルが振られた、教師ありの多クラス分類モデルと捉えることができます。

形態素解析器 MeCab の準備

文章の内容からカテゴリを予測したいのですが、機械学習モデルには数値情報を入力するため、文章のままでは入力できません。文章を数値で扱える形に変換するために、まず文章を単語ごとに分割します。自然言語処理において日本語のテキストデータを扱う場合、ほぼ形態素解析器を必要とします。テキストデータの分析においては、文書を単語ごとに区切ることで、その文書に含まれる単語の数や、文書全体でどの文書にどの単語がいくつあるといった情報を捉え、文書の特徴量を作成していきます。日本語は英語などの言語と異なり、単語の間にスペースがありません。そのため、まず形態素解析器を用いて文書から形態素の情報に変換するという処理（トークナイズ）が必要です。

本章では、代表的な形態素解析器であるMeCabおよび、それをRで扱うための**RMeCabパッケージ**を使用します[注6.1]。

 MeCab のダウンロードとインストール

MeCab本体は、提供元から使用しているOSに合ったファイル（Windowsならmecab-0.996.exe、macOSならmecab-0.996.tar.gz）をダウンロードします（図6.1）。MeCabを利用する際には辞書が必要です。Windowsの場合はexeファイル内に辞書が同梱されているためダウンロードの必要はありません。macOSの場合は推奨されているIPA辞書をダウンロードします。

URL https://taku910.github.io/mecab/

ダウンロード

- **MeCab** はフリーソフトウェアです. GPL(the GNU General Public License), LGPL(Lesser GNU Gen
  ァイルを参照して下さい.
- **MeCab 本体**
  - **Source**
    - mecab-0.996.tar.gz ダウンロード　macOS の場合
    - 辞書は含まれていません. 動作には別途辞書が必要です。
  - **Binary package for MS-Windows**
    - mecab-0.996.exe ダウンロード　Windows の場合
    - Windows 版には コンパイル済みの IPA 辞書が含まれています
- **MeCab 用の辞書**
  - **IPA 辞書**　macOS の場合
    - IPA 辞書, IPAコーパス に基づき CRF でパラメータ推定した辞書です。 **(推奨)** ダウンロード
  - **Juman 辞書**
    - Juamn 辞書, 京都コーパスに基づき CRF でパラメータ推定した辞書です。 ダウンロード
  - **Unidic 辞書**
    - Unidic 辞書, BCCWJコーパスに基づき CRF でパラーメータ推定した辞書です。ダウンロード
- **perl/ruby/python/java バインディング**
  - ダウンロード

●図6.1　MeCabのダウンロード画面

ダウンロードしたファイルからインストールをするには、Windowsであればexeファイルを

注6.1　形態素解析器には、他にもJUMAN++やSudachiなどがありますが、本章では広く普及している、Rで扱いやすいといった理由からMeCabを採用します。

ダブルクリックして指示に従います。macOSであれば、提供元に記載がある通り、以下のコマンドをターミナルで実行し、インストールします。

```
# MeCabのインストール
tar zxfv mecab-0.996.tar.gz
cd mecab-0.996
./configure
make
make check
su
make install

# 辞書のインストール
tar zxfv mecab-ipadic-2.7.0-XXXX.tar.gz
mecab-ipadic-2.7.0-XXXX
./configure
make
su
make install
```

RMeCab パッケージのインストール

RMeCabパッケージは、以下のようにしてインストールできます。

```
install.packages("RMeCab", repos = "http://rmecab.jp/R")
```

RMeCabC()を実行して、正しく結果が表示されれば完了です。

```
res <- RMeCab::RMeCabC("すもももももももものうち")
unlist (res)
```

```
出力
    名詞     助詞     名詞     助詞     名詞     助詞     名詞
"すもも"    "も"   "もも"    "も"   "もも"    "の"   "うち"
```

データをダウンロード

もしRStudioを利用しているのであれば、データをダウンロードする前に、分析用のプロジェクトを用意しておくことをおすすめします。データをプロジェクト内に配置することで、読み込む際のパス指定がかんたんになる（デフォルトでプロジェクト直下を参照するため、絶対パスの指定が不要になる）メリットがあります。本書ではRStudioの詳細に踏み込みません。詳細を知りたい方は、参考文献に挙げている『改訂2版 Rユーザのためののための RStudio実践入門』を参考にしてください。

それではデータをダウンロードし、データフレームの形で読み込み、モデリングの用意を進めましょう。大まかな手順は、以下の通りです[注6.2]。

手順1. データをダウンロードし、解凍する
手順2. 複数のテキストファイルをまとめて1つのデータフレームとして読み込む関数を作成する
手順3. 作成した関数を用いて読み込む

提供元のサイトから、ldcc-20140209.tar.gzという名前のファイルをダウンロードし（図6.2）、作業ディレクトリ（RStudioを使用していれば作成したプロジェクト内）に配置します。

URL https://www.rondhuit.com/download.html#ldcc

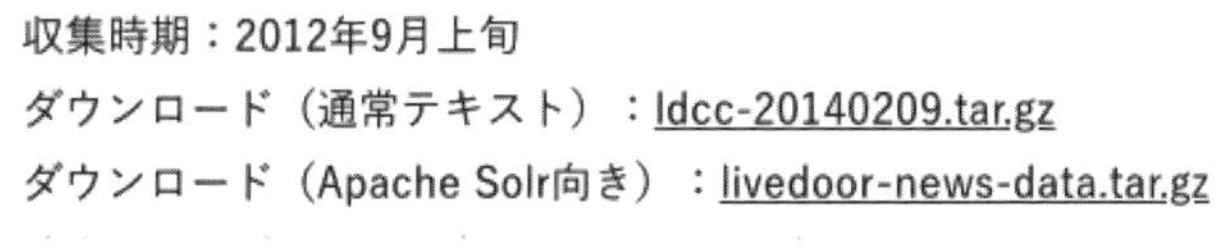

収集時期：2012年9月上旬
ダウンロード（通常テキスト）：ldcc-20140209.tar.gz
ダウンロード（Apache Solr向き）：livedoor-news-data.tar.gz

図6.2　livedoorニュースコーパスのダウンロード画面

ダウンロードしたファイルはtar.gz形式なので、解凍が必要です。Windowsではコマンドプロンプトで、macOSではターミナルで、以下のコマンドを実行することで解凍ができます。

```
tar -xzf ldcc-20140209.tar.gz
```

解凍すると、textフォルダが作成されます。以下のようにtextディレクトリの直下にニュースメディアごとのディレクトリがあり、そのディレクトリの中にtxt形式の個別のニュース記事ファイルが配置されています。また、LICENSE.txt、CHANGES.txt、README.txtといった、記事とは関係ないファイルが確認できます。

```
|--dokujo-tsushin
  |- LICENSE.txt
```

注6.2　データをダウンロードせずともlivedoorニュースコーパスなどのテキストデータをデータフレーム形式で読み込む機能を持つRパッケージが有志で公開されています。本章では、データ分析においてさまざまなデータを扱う可能性を考慮し、一般的なテキストデータの読み込み手順を解説しています。
ldccr URL https://github.com/paithiov909/ldccr

```
    |- dokujo-tsushin-6915005.txt
    .
    .
    .
  |--it-life-hack
  |--kaden-channel
  |--livedoor-homme
  |--movie-enter
  |--peachy
  |--smax
  |--sports-watch
  |--topic-news
```

データの読み込みや分析に入る前に、データの中身を確認する習慣をつけましょう。ニュース記事ファイルは以下のような記載が確認できます（text/dokujo-tsushin/dokujo-tsushin-6915005.txtの例）。

- 1行目：記事のURL
- 2行目：記事の日付
- 3行目：記事のタイトル
- 4行目以降：記事の本文

```
http://news.livedoor.com/article/detail/6915005/
2012-09-03T14:00:00+0900
男女間で"カワイイ"の基準が異なる理由
マナさん(26歳・塾講師)は顔立ちが似ている柳原可奈子のメイクやファッション、しゃべり方などを参考に
することが多いのだが、以前は「『似ている！』と言われるのが嫌でしかたなかった」と話してくれた。
(省略)
```

tidymodelsによるモデリングを考慮すると、今回のような多くの記事ファイルがあるデータは、1つのデータフレームにまとめておくと扱いやすそうです。"決まった形式のファイルが複数あり、1つにまとめる"には、以下の手順が考えられます。

手順1. 読み込むファイルに絞り込む
手順2. ファイルを1つだけ読み込む関数を作成する（csvのように読み込める形式で提供されていればこの手順はスキップ）
手順3. 手順2.の関数を手順1.で絞り込んだファイルに適用し、行方向（縦）に連結する

まず、除外するファイルを列挙し、読み込むファイルのみに絞り込みます。

```
# tidyverseパッケージの読み込み
library(tidyverse)

# ディレクトリのリストアップ
text_dir <- here::here("text")
livedoor_dirs <- list.dirs(file.path(text_dir),
                           recursive = FALSE)
# 除外するファイルを列挙
remove_file_regexp <- c(".*LICENSE.txt|.*CHANGES.txt")
# ニュース記事ファイルのみに絞り込む
livedoor_files <-  list.files(livedoor_dirs,
                              full.names = TRUE,
                              recursive = FALSE) %>%
  # LICENSE.txtなどを除外
  stringr::str_subset(pattern = remove_file_regexp, negate = TRUE)
```

次に、1つのファイルを読み込むための関数を作成します。

```
# ファイル名からカテゴリを抽出する
# カテゴリのリストアップ
livedoor_categories <-
  c(
    "dokujo-tsushin",
    "it-life-hack",
    "kaden-channel",
    "livedoor-homme",
    "movie-enter",
    "peachy",
    "smax",
    "sports-watch",
    "topic-news"
  )
# 正規表現のOR条件で抽出できるよう、|でつなぐ
categories_regexp <-
  stringr::str_c(livedoor_categories, collapse = "|")

# 読み込み関数を作成
read_livedoor <- function(file) {
  # ファイルの読み込み
  lines <- readr::read_lines(file)
  # ディレクトリ名(カテゴリ名を抽出)
  dir_name <- stringr::str_match(file, categories_regexp)
  # データフレーム化
  df <- tibble::tibble(
    category = dir_name,
    source = lines[1],
    time_stamp = lines[2],
```

```
    body = paste(lines[3:length(lines)],
                 collapse = "¥n¥n")
  )
  return(df)
}
```

この時点で、1ファイルだけ読み込んで確認します（図6.3）。

```
df_example <- read_livedoor(livedoor_files[1])
```

	category	source	time_stamp	body
1	dokujo-tsushin	http://news.livedoor.com/article/detail/4778030/	2010-05-22T14:30:00+0900	友人代表のスピーチ、独女はどうこなしている？　もうす…

●図6.3　1行だけ読み込んだ結果（RStudio上の表示）

正しく読み込めていることが確認できたら、7,367個のニュース記事すべてに対して、この読み込み関数を適用し、行方向に連結させます。このような処理は、purrrパッケージの`map_dfr()`関数を使って一気に行なうことができます。

```
df_livedoor <- livedoor_files %>%
  # ニュース記事ファイルに関数を適用し、行方向に連結
  purrr::map_dfr(read_livedoor) %>%
  # 分析しやすいようにIDを振る
  dplyr::mutate(doc_id = dplyr::row_number())
```

図6.4はすべてのニュース記事を読み込んだ結果です。

	category	source	time_stamp	body	doc_id
1	dokujo-tsushin	http://news.livedoor.com/article/detail/4778030/	2010-05-22T14:30:00+0900	友人代表のスピーチ、独女はどうこなしている？　もうす…	1
2	dokujo-tsushin	http://news.livedoor.com/article/detail/4778031/	2010-05-21T14:30:00+0900	ネットで断ち切れない元カレとの縁　携帯電話が普及す…	2
3	dokujo-tsushin	http://news.livedoor.com/article/detail/4782522/	2010-05-23T11:00:00+0900	相次ぐ芸能人の"すっぴん"披露　その時、独女の心境は？…	3
4	dokujo-tsushin	http://news.livedoor.com/article/detail/4788357/	2010-05-25T14:00:00+0900	ムダな抵抗！？ 加齢の現実　ヒップの加齢による変化は…	4
5	dokujo-tsushin	http://news.livedoor.com/article/detail/4788362/	2010-05-26T14:00:00+0900	税金を払うのは私たちなんですけど！　6月から支給され…	5
6	dokujo-tsushin	http://news.livedoor.com/article/detail/4788373/	2010-05-30T14:00:00+0900	読んでみる？描いてみる？大人の女性を癒す絵本の魅力　…	6
7	dokujo-tsushin	http://news.livedoor.com/article/detail/4788374/	2010-05-28T14:30:00+0900	大人になっても解決しない「お昼休み」という問題　昨…	7
8	dokujo-tsushin	http://news.livedoor.com/article/detail/4788388/	2010-05-29T14:30:00+0900	結婚しても働くのはなぜ？ 既婚女性のつぶやき　「彼の…	8
9	dokujo-tsushin	http://news.livedoor.com/article/detail/4791665/	2010-05-27T16:50:00+0900	お肌に優しいから安心　紫外線が気になる独女の夏の対策…	9
10	dokujo-tsushin	http://news.livedoor.com/article/detail/4796054/	2010-05-31T14:00:00+0900	初回デートで婚カツ女子がゲンメツする行為って？　合…	10

●図6.4　livedoorニュースコーパスの読み込み

これでデータの読み込みが完了しました。次節からtidymodelsでモデリングをしていきます。

6-2 tidymodelsによるモデリング

rsampleパッケージによるデータ分割

ここでは、ハイパーパラメータチューニングや精度の評価、5章で紹介した交差検証法を行なうためにデータを分割します。

学習データと評価データに分割する際には、どちらかのデータに特定のカテゴリが集中するのを防ぐため、`initial_split()`関数の`strata`引数に`"category"`を指定します。

```
# 乱数シードの指定
set.seed(71)
# 学習データ8割、評価データ2割に分割
livedoor_split <- rsample::initial_split(df_livedoor, prop = .8, strata = "category")
livedoor_train <- rsample::training(livedoor_split)
livedoor_test <- rsample::testing(livedoor_split)
# cv用にさらに分割
livedoor_cv_splits <- rsample::vfold_cv(livedoor_train,
                                        strata = "category",
                                        v = 3)
```

textrecipesパッケージによるテキストの前処理

次に、1章で紹介したrecipesパッケージによる前処理を行ないます。本章で扱うデータはテキストデータですので、前述した形態素解析を用いた処理が必要であり、数値やカテゴリ型データとは異なる処理によって特徴量を作成します。これらの処理に特化したtextrecipesパッケージを用いることで、tidymodelsの枠組みの中でテキストデータ特有の前処理をレシピとして定義できます。

recipesパッケージと同様に、textrecipesパッケージにも`step_*()`関数が多数用意されています。表6.1に代表的な関数をまとめます。

●表6.1　textrecipesパッケージの代表的なstep_*()関数

関数名	入力値の型	出力値の型	説明
step_tokenize()関数	character	tokenlist()	スペース区切りの単語の情報にトークナイズする。分かち書きの関数を与えれば、custom_token引数でカスタム可能
step_untokenize()関数	tokenlist()	character	tokenize後のリストを連結して文書に戻す
step_lemma()関数	tokenlist()	tokenlist()	レンマ化
step_stem()関数	tokenlist()	tokenlist()	ステミング
step_stopwords()関数	tokenlist()	tokenlist()	ストップワード(Stop Words)を適用。デフォルトはsnowball。カスタムしたい場合は、custom_stopword_sourceに指定
step_dummy()関数	factor	binary dummy	カテゴリ→ダミー変数
step_pos_filter()関数	tokenlist()	tokenlist()	品詞をフィルタする
step_ngram()関数	tokenlist()	tokenlist()	N-gramを生成
step_tfidf()関数	tokenlist()	numeric	tf-idf値を計算
step_tf()関数	tokenlist()	numeric	tf値を計算
step_texthash()関数	tokenlist()	numeric	テキストをハッシュ化
step_word_embeddings()関数	tokenlist()	numeric	単語埋め込み表現を作成。学習元データを指定可能。指定しなければ与えたデータをもとに作成
step_sequence_onehot()関数	character	numeric	one-hotベクトル化
step_lda()関数	character	numeric	LDA次元推定値を計算
step_text_normalization()関数	character	character	単語の標準化。normalization_form引数に、"nfc"（デフォルト）, "nfd", "nfkd", "nfkc", "nfkc_casefold"を指定

本書では今回の分析に用いる関数以外の詳細を説明しませんが、N-gram、tf-idf、レンマ化といった自然言語処理で利用する手法が用意されており、tidymodelsの枠組みの中でそれらの手法を扱うための有用なパッケージです。自然言語処理に特有の処理についての詳細は、『Rによるテキストマイニング入門（第2版）』や『機械学習・深層学習による自然言語処理入門』を参照してください。

なお、step_tokenize()関数（トークナイズ）やstep_pos_filter()関数（品詞のフィルタ）をはじめ、ほとんどの関数が英文を想定して開発されており、日本語に適用する際は追加の処理を必要とします。

 livedoorニュースコーパスの前処理

textrecipesパッケージを使って、前処理レシピを作成していきます。日本語を扱うには文書を単語に分けるトークナイズが必須ですが、**step_tokenizer()関数**を使うと、分かち書きされた状態を返す関数を作成できます。

品詞をフィルタするstep_pos_filter()関数は日本語には対応していないため、分かち書きの

時点で品詞をフィルタできるように関数を作成します。日本語にはさまざまな品詞がありますが、文章の特性を表すのに"てにをは"といった助詞は活用できそうもありません[注6.3]。今回の例では、文章の特性を表せそうな名詞、形容詞、動詞を残すように記述します。

```
# MeCabでトークナイズする関数
mecab_tokenizer <- function(x) {
  # 残す品詞を指定
  keep_pos <- c("名詞", "形容詞", "動詞")
  res <- list()
  for (i in x) {
    # 形態素解析をして原型を返す
    wakati <- RMeCab::RMeCabC(i, mypref = 1) %>%
      unlist() %>%
      # 品詞を絞る
      ## unlist()でリスト化されたRMeCabの返り値は
      ## 名前付きベクトルになるので、names()が
      ## 指定した品詞に含まれる値のみを残したベクトルにする
      .[names(.) %in% keep_pos]
    res <- c(res, list(wakati))
  }
  return(res)
}
```

上記の関数をテキストを含むデータフレームに対して実行すると、以下のようになります。

```
# 例としてデータフレームを作成
text_tibble <- tibble::tibble(
  text = c("吾輩は猫である", "今日は美味しい蕎麦を食べた", "明日は本を読みます")
  )

recipes::recipe(~text, data = text_tibble) %>%
  textrecipes::step_tokenize(text, custom_token = mecab_tokenizer) %>%
  textrecipes::show_tokens(text)
```

出力

```
[[1]]
  名詞    名詞
"吾輩"    "猫"

[[2]]
       名詞       形容詞         名詞        動詞
     "今日" "美味しい"       "蕎麦"    "食べる"
```

注6.3 本章では「文章にどのような単語がどれだけ含まれているか」といった情報にのみ注目していますが、構文解析などの文脈判断を行ないたい場合は助詞は重要な情報になり得えます。

```
[[3]]
  名詞    名詞   動詞
"明日"    "本" "読む"
```

また、同時に**ストップワード**を指定します注6.4。日本語のテキスト解析において、例えば「あれ」「これ」「こと」「もの」といった多数の文章に出現するがタスクを解くのに有用でない単語は文書の特徴として重要と捉えないことがあるため、ストップワードとして前処理の段階で除去することが多いです。ここでは、日本語のストップワードとしてよく用いられるSlothLib注6.5をRのベクトル形式で取得しています。

```
stopword_url <- "http://svn.sourceforge.jp/svnroot/slothlib/CSharp/Version1/SlothLib/
NLP/Filter/StopWord/word/Japanese.txt"
stopwords <- readr::read_lines(stopword_url) %>%
  # 空の文字列("")を削除
  .[stringr::str_detect(., "") == TRUE]
```

以上を踏まえて、livedoorデータに対する前処理レシピを作成します。目的変数は`category`、特徴量は本文にあたる`body`です。

```
livedoor_rec <- recipes::recipe(category ~ body, data = livedoor_train) %>%
  # 文字列の正規化(数字英数字の半角化など)
  textrecipes::step_text_normalization() %>%
  # トークナイズ
  textrecipes::step_tokenize(body, custom_token = mecab_tokenizer) %>%
  # ストップワードの除去
  textrecipes::step_stopwords(body, custom_stopword_source = stopwords) %>%
  # 30回以上、200回以下の出現頻度の単語に絞る
  textrecipes::step_tokenfilter(body, min_times = 30, max_tokens = 200) %>%
  # Feature Hashingで特徴量に変換
  textrecipes::step_texthash(body, num_terms = 200)
```

最後の**`step_texthash()`関数**は、Feature Hashingと呼ばれる次元の大きい特徴量に対処する方法です注6.6。文書の集合があったとき、それを数値に変換する方法は、大きく次の2つのアプローチがあります。

1. 単語埋め込み表現を用いる
2. カウントベースの手法

注6.4　ストップワードとは、自然言語処理やテキストを用いたデータ分析において、一般的であるといった理由で除外する単語群のことです。

注6.5　"Slothlib" URL http://svn.sourceforge.jp/svnroot/slothlib

注6.6　Hashing Trick（ハッシュトリック）とも呼ばれます。

1.の単語埋め込み表現は、Word2VecやBERTといったディープラーニングを使ったアプローチで、よりコンテキストや意味に基づいた推論が可能な反面、学習に時間がかかるという特徴があります。

2.のカウントベースの手法のうち、Bag of Words形式を用いる方法は、単語と出現頻度をもとに行列を作成します。上記の`text_tibble`の例で挙げた3つの文書をトークナイズし、Bag of Wordsを用いて表現すると、図6.5のような文書数×単語数の行列になります。

	吾輩	猫	今日	美味しい	蕎麦	食べる	明日	本	読む
文書1	1	1	0	0	0	0	0	0	0
文書2	0	0	1	1	1	1	0	0	0
文書3	0	0	0	0	0	0	1	1	1

●図6.5　文書・単語の行列

今回のlivedoorニュースコーパスのような膨大な文書数・単語数になると、出現頻度の多い単語であってもスパース（疎）な行列となり、計算効率が悪くなります[注6.7]。そこで、Feature Hashingを用いて、情報量をなるべく落とさずに指定した次元に圧縮するという処理を行なっています。Feature Hashingにはいくつかの手法が提案されていますが、`step_texthash()`関数では、Weinberger氏らが提案した方法[注6.8]が用いられています。

XGBoostによるモデリング

分類モデルにはXGBoostを使います[注6.9]。XGBoostには多くのハイパーパラメータがあり、代表的なものを以下に挙げます。

- `sample_size`：サブサンプルを生成する際の学習データの抽出割合
- `loss_reduction`：損失関数の最小値で、木の葉ノードをさらに分割する際に必要な値。値を大きくすると、より頑健なモデルになる
- `tree_depth`：決定木の深さ
- `trees`：決定木の数
- `learn_rate`：過学習防止のための学習率パラメータ（大きいほど過学習に陥る傾向がある）
- `mtry`：ランダムに選択される特徴量の数
- `min_n`：分岐に必要なノード内の最小サンプルサイズ

注6.7　自然言語処理でよく用いられるtf_idfを使ったベクトル化でも、次元数が単語数となるため、同じ問題が起きます。

注6.8　"Feature Hashing for Large Scale Multitask Learning" URL https://arxiv.org/abs/0902.2206

注6.9　参考文献：Tianqi Chen, Carlos Guestrin "XGBoost: A Scalable Tree Boosting System" URL https://arxiv.org/abs/1603.02754, 2016.

今回はsample_size、loss_reduction、tree_depthの3つについてハイパーパラメータ調整を行ないます[注6.10]。5章で紹介した通り、探索したいハイパーパラメータにはtune()関数を与えます。

```
livedoor_spec <-
  parsnip::boost_tree(
    sample_size = tune::tune(),
    loss_reduction = tune::tune(),
    tree_depth = tune::tune()
  ) %>%
  # アルゴリズムはXGBoostを使用
  parsnip::set_engine("xgboost") %>%
  # 分類モデル
  parsnip::set_mode("classification")
```

続いて、ハイパーパラメータチューニング後にモデルのアップデートを行ないやすくするため、作成した前処理レシピとモデル定義をワークフロー化します。

```
livedoor_workflow <-
  workflows::workflow() %>%
  workflows::add_model(livedoor_spec) %>%
  workflows::add_recipe(livedoor_rec)
```

以上で準備が整ったので、ハイパーパラメータチューニングと精度の評価を行ないます。ハイパーパラメータの探索には、ラテン超方格法を使い、評価指標にはRecall、Precisionをバランスよく評価できるF1値（yardstickパッケージではf_meas）を用います。

```
# ハイパーパラメータチューニング
livedoor_tune_res <-
  livedoor_workflow %>%
  tune::tune_grid(
    resamples = livedoor_cv_splits,
    # ラテン超方格法を使用
    grid = dials::grid_latin_hypercube(
      dials::sample_prop(),
      dials::loss_reduction(),
      dials::tree_depth(),
      size = 10
    ),
```

注6.10　XGBoostを使ったモデリングでは、一般的には十分に大きなtreesと十分に小さいlearn_rateを指定したうえで、Early Stopping（これ以上精度が改善しなくなったら学習を止める）を適用するのがより実践的なモデリングと言えます（参考文献『Kaggleで勝つデータ分析の技術』p.316を参照）。しかしながら、本書はtidymodelsを使った一連の流れの解説に焦点を当てているため、本章ではいくつかのハイパーパラメータを調整するという説明に留めています。

```
  # 評価値にはF1値を使用
  metrics = yardstick::metric_set(yardstick::f_meas),
  control = tune::control_grid(save_pred = TRUE)
)
```

探索で見つかった最適なハイパーパラメータを確認します（図6.6）。

```
ggplot2::autoplot(livedoor_tune_res)
```

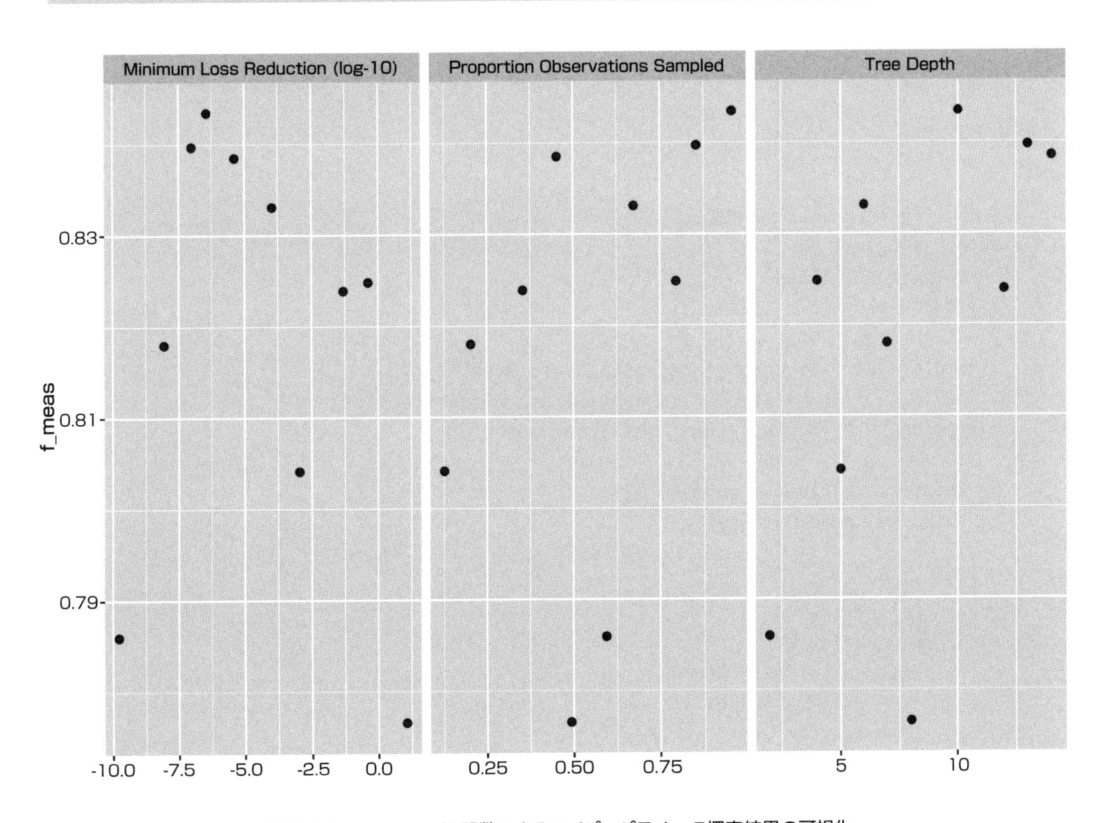

●図6.6　autoplot()関数によるハイパーパラメータ探索結果の可視化

図6.6では各ハイパーパラメータごとに横軸に探索した値、縦軸に評価値がプロットされています。

```
livedoor_tune_best <-
  livedoor_tune_res %>%
  tune::show_best()
livedoor_tune_best
```

```
# A tibble: 5 × 9                                                     出力
  tree_depth loss_… sampl… .metric .esti…   mean     n std_err .config
       <int>  <dbl>  <dbl> <chr>   <chr>   <dbl> <int>   <dbl> <chr>
1         10 3.65e-7  0.955 f_meas  macro   0.843     3 0.00394 Prepro…
2         13 9.79e-8  0.855 f_meas  macro   0.840     3 0.00171 Prepro…
3         14 4.24e-6  0.453 f_meas  macro   0.838     3 0.00401 Prepro…
4          6 1.10e-4  0.674 f_meas  macro   0.833     3 0.00211 Prepro…
5          4 4.26e-1  0.797 f_meas  macro   0.825     3 0.00129 Prepro…
# … with abbreviated variable names  loss_reduction,  sample_size,
#    .estimator
```

最適なハイパーパラメータを使い、学習データすべてで学習して評価データで予測精度を求めます。

```
# 選んだハイパーパラメータでモデル作成
livedoor_xgb_best <-
  parsnip::boost_tree(
    # 最適なハイパーパラメータを選択
    # 1行目を選択
    sample_size = livedoor_tune_best$sample_size[1],
    loss_reduction = livedoor_tune_best$loss_reduction[1],
    tree_depth = livedoor_tune_best$tree_depth[1]
  ) %>%
  parsnip::set_engine("xgboost") %>%
  parsnip::set_mode("classification")

# ワークフローの更新
livedoor_cv_last <-
  livedoor_workflow %>%
  workflows::update_model(livedoor_xgb_best)
# 更新したワークフローで学習データ全体にモデル適用
livedoor_last_fit <-
  livedoor_cv_last %>%
  tune::last_fit(livedoor_split,
                 # 評価指標はF1値
                 metrics = yardstick::metric_set(yardstick::f_meas))
# 最終的な精度を算出
last_f1 <- livedoor_last_fit %>%
  tune::collect_metrics()
last_f1
```

```
# A tibble: 1 × 4                                                     出力
  .metric .estimator .estimate .config
  <chr>   <chr>          <dbl> <chr>
1 f_meas  macro          0.863 Preprocessor1_Model1
```

今回作成した分類モデルの予測精度は0.863であることがわかりました。

6-3 まとめと参考文献

本章では、自然言語処理を題材に、1～5章で紹介したパッケージ、そしてtextrecipesパッケージを用いてモデリングのプロセス全体（図6.7）を振り返りました。特に、1～5章で説明していなかった「データの入手」について、livedoorニュースコーパスを例に、データの取得と整形方法を紹介しました。

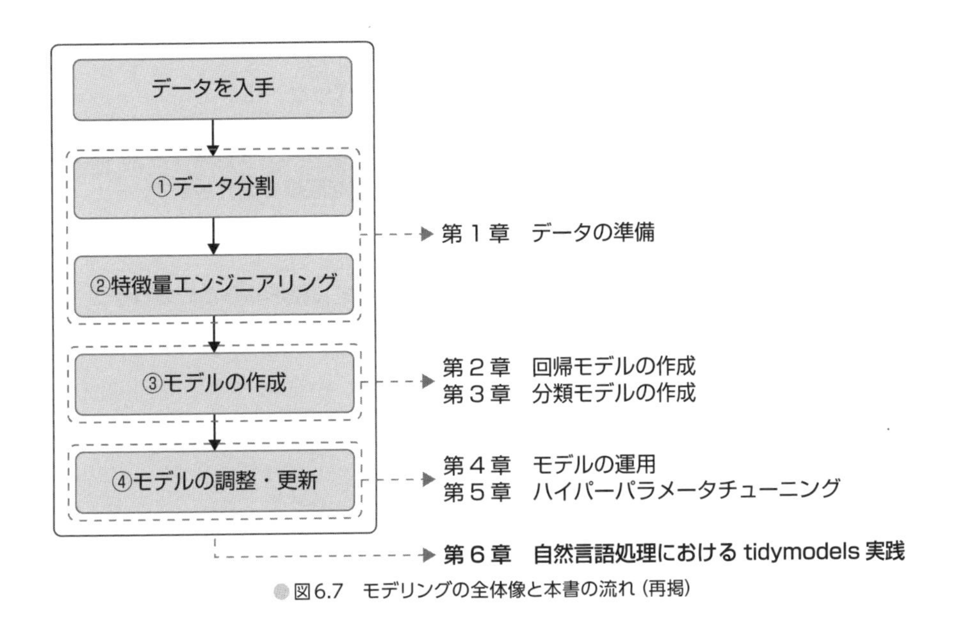

図6.7　モデリングの全体像と本書の流れ（再掲）

本章が機械学習モデリングへのtidymodels活用力の向上、そして読者自身のデータ分析力の向上に少しでも寄与できれば幸いです。

- Kilian Weinberger, Anirban Dasgupta, Josh Attenberg, et al. "Feature Hashing for Large Scale Multitask Learning" https://arxiv.org/abs/0902.2206, 2009.
- Tianqi Chen, Carlos Guestrin "XGBoost: A Scalable Tree Boosting System" https://arxiv.org/abs/1603.02754, 2016.
- 松村優哉, 湯谷啓明, 紀ノ定保礼, 前田和寛, "改訂2版 RユーザのためのRStudio実践入門", 技術評論社, 2021.
- 石田基広(著), "Rによるテキストマイニング入門（第2版）", 森北出版, 2017.
- 中山光樹(著), "機械学習・深層学習による自然言語処理入門", マイナビ出版, 2020.

- "Feature Hashingを試す" https://jetbead.hatenablog.com/entry/20141106/1415208665
- "MeCab: Yet Another Part-of-Speech and Morphological Analyzer" https://taku910.github.io/mecab/
- "RMeCab" http://rmecab.jp/wiki/index.php?RMeCab
- "Sudachi" https://github.com/WorksApplications/Sudachi
- "日本語形態素解析システム Juman++" https://nlp.ist.i.kyoto-u.ac.jp/?JUMAN%2B%2B
- "ロジスティック回帰に対するFeature Hashingの影響" https://qiita.com/tyoshitake/items/0b18f02a85db45b455cf

COLUMN

broomパッケージとinferパッケージ

本コラムでは、library(tidymodels)によって読み込まれるにもかかわらず、本書で独立した章として取り上げなかったbroomパッケージとinferパッケージを簡単に紹介します。

broomパッケージによる前処理内容のtidy化

broomパッケージは前処理やモデルの実行結果を"tidy data"に整形するためのパッケージです。1章で紹介したstep_center()関数を例に説明します。例えば、mpgデータに対して以下のように前処理レシピを作成したとします。

```
car_recipe <-
  recipe(mpg ~ ., data = mtcars) %>%
  # 中心化
  step_center(disp, hp, drat, wt, qsec) %>%
  prep()
```

上記はdisp、hp、drat、wt、qsecの5つの変数に対して、中心化を行う前処理レシピです。step_center()関数によって中心化の対象となる各変数の平均値は、broom::tidy()関数を使いデータフレーム形式で得ることができます[注6.11]。前処理が施された結果はrecipes::bake()で確認できますが、tidy()関数は実際の前処理がどのように行なわれたのか、途中の数字を確認するのに役立ちます。

```
broom::tidy(car_recipe, 1)
```

```
# A tibble: 5 × 3
  terms  value id
  <chr>  <dbl> <chr>
```
出力

注6.11　broom::tidy()を適用することで何をtidyな形式で得られるかは、recipesの関数のドキュメント（今回の例では https://recipes.tidymodels.org/reference/step_center.html）の「Tidying」というセクションで確認できます（2022年12月執筆時点）。

```
1 disp  231.   center_7ijCX
2 hp    147.   center_7ijCX
3 drat    3.60 center_7ijCX
4 wt      3.22 center_7ijCX
5 qsec   17.8  center_7ijCX
```

term列が変数名、value列が平均値を表しています。

モデルの結果のtidy化

本書で紹介してきたtidymodelsによる手続きとは異なりますが、lm()関数で線形回帰モデルを実行する例を用いて、結果のtidy化について説明します。以下は、AmesHousingデータに対してSales_Priceをいくつかの変数で説明するための回帰モデルを実行するコードです。

```
# データの読み込み
data(ames, package = "modeldata")
# 線形回帰モデルの適用
lm_fit <- lm(Sale_Price ~ Gr_Liv_Area + Year_Built + Bldg_Type, data = ames)
```

このlm_fitというオブジェクトはリストです。回帰モデルの結果を確認するには、通常は以下のようにsummary()関数を使います。

```
summary(lm_fit)
```

出力

```
Call:
lm(formula = Sale_Price ~ Gr_Liv_Area + Year_Built + Bldg_Type,
    data = ames)

Residuals:
    Min      1Q  Median      3Q     Max
-461192  -25453   -3377   16760  302934

Coefficients:
                    Estimate Std. Error t value Pr(>|t|)
(Intercept)       -2.110e+06  5.886e+04 -35.852  < 2e-16 ***
Gr_Liv_Area        9.566e+01  1.736e+00  55.102  < 2e-16 ***
Year_Built         1.091e+03  3.024e+01  36.092  < 2e-16 ***
Bldg_TypeTwoFmCon -1.818e+04  5.893e+03  -3.085  0.00206 **
Bldg_TypeDuplex   -5.571e+04  4.410e+03 -12.633  < 2e-16 ***
Bldg_TypeTwnhs    -3.878e+04  4.623e+03  -8.389  < 2e-16 ***
Bldg_TypeTwnhsE   -4.652e+03  3.223e+03  -1.444  0.14896
---
Signif. codes:  0 '***' 0.001 '**' 0.01 '*' 0.05 '.' 0.1 ' ' 1

Residual standard error: 44960 on 2923 degrees of freedom
```

```
Multiple R-squared:  0.6839,    Adjusted R-squared:  0.6833
F-statistic:  1054 on 6 and 2923 DF,  p-value: < 2.2e-16
```

各説明変数ごとに推定された回帰係数やp値などを確認できます。しかし、複数のモデルを適用して性能を比較したいときや、データを分割してそれぞれモデルを作成して統合することなどを考えると、扱いにくい形式であることは明らかです。broomパッケージの`tidy()`関数は、このような形式のオブジェクトをtidyなデータフレームに変換してくれます。

```
lm_fit_tidy <- broom::tidy(lm_fit)
lm_fit_tidy
```

```
# A tibble: 7 × 5
  term               estimate std.error statistic   p.value
  <chr>                 <dbl>     <dbl>     <dbl>     <dbl>
1 (Intercept)       -2110161.   58858.      -35.9  1.25e-233
2 Gr_Liv_Area           95.7       1.74      55.1  0
3 Year_Built          1091.       30.2       36.1  3.12e-236
4 Bldg_TypeTwoFmCon   -18179.    5893.       -3.08 2.06e-  3
5 Bldg_TypeDuplex     -55712.    4410.      -12.6  1.17e- 35
6 Bldg_TypeTwnhs      -38785.    4623.       -8.39 7.55e- 17
7 Bldg_TypeTwnhsE      -4652.    3223.       -1.44 1.49e-  1
```
出力

データフレーム形式になったことで、tidyverseパッケージ群によるさまざまな処理を実行できそうです。また、**`glance()`関数**はモデルの選択に役立つAIC、決定係数などの指標をデータフレームの形式で得ることができます。

```
lm_fit %>%
  broom::glance()
```

```
# A tibble: 1 × 12
  r.squared adj.r.s…   sigma stati…  p.value    df  logLik    AIC    BIC
      <dbl>     <dbl>   <dbl>   <dbl>    <dbl> <dbl>   <dbl>  <dbl>  <dbl>
1     0.684     0.683 44957.   1054.        0     6 -35544. 71105. 71153.
# … with 3 more variables: deviance <dbl>, df.residual <int>,
#   nobs <int>, and abbreviated variable names  adj.r.squared,
#    statistic
```
出力

`augment()`関数は学習データに対する予測値と学習データを結合します。

```
lm_fit %>%
  broom::augment() %>%
  head()
```

```
# A tibble: 6 × 10
  Sale_…  Gr_Li…  Year_…  Bldg_…⁴ .fitted  .resid    .hat .sigma .cooksd
```
出力

```
    <int>   <int>   <int> <fct>     <dbl>   <dbl>   <dbl>  <dbl>   <dbl>
1  215000    1656    1960 OneFam  187517.  27483. 5.03e-4 44962. 2.69e-5
2  105000     896    1961 OneFam  115910. -10910. 9.41e-4 44964. 7.94e-6
3  172000    1329    1958 OneFam  154055.  17945. 4.94e-4 44964. 1.12e-5
4  244000    2110    1968 OneFam  239677.   4323. 9.51e-4 44965. 1.26e-6
5  189900    1629    1997 OneFam  225319. -35419. 7.24e-4 44960. 6.43e-5
6  195500    1604    1998 OneFam  224019. -28519. 7.51e-4 44962. 4.32e-5
# … with 1 more variable: .std.resid <dbl>, and abbreviated variable
#   names Sale_Price, Gr_Liv_Area, Year_Built, ⁴Bldg_Type
```

.fitted列がモデルによる予測値、.resid列が残差を表しています。
このように、broomパッケージは分析の要所要所で"経過や結果をtidyで扱いやすいデータに変換"するために使われるパッケージです。

inferパッケージによるRでの統計的仮説検定

inferパッケージは、その単語が表す通り"推論"をtidyな枠組みの中で実行するパッケージです。特に、統計的仮説検定を実行するときに威力を発揮します。Rで統計的仮説検定を（他のライブラリを読み込まずに）実行するには、t.test()関数（t検定）やchisq.test()関数（カイ二乗検定）などを用いますが、これらの出力が扱いやすいとは言えません。
ここではRに含まれているgssデータセットを用いて説明します。このデータセットは、General Social Survey[注6.12]というアメリカにおける社会調査データの一部がサンプリングされたものです。

```
# データの読み込み
library(infer)
data(gss, package = "infer")
# データの確認
head(gss)
```

```
# A tibble: 6 × 11                                                      出力
   year   age sex    college   partyid hompop hours income class finrela
  <dbl> <dbl> <fct>  <fct>     <fct>    <dbl> <dbl> <ord>  <fct> <fct>
1  2014    36 male   degree    ind          3    50 $2500… midd… below …
2  1994    34 female no degree rep          4    31 $2000… work… below …
3  1998    24 male   degree    ind          1    40 $2500… work… below …
4  1996    42 male   no degree ind          4    40 $2500… work… above …
5  1994    31 male   degree    rep          2    40 $2500… midd… above …
6  1996    32 female no degree rep          4    53 $2500… midd… average
# … with 1 more variable: weight <dbl>
```

簡単な例として、大学を卒業したか（college列）によって1週間の労働時間（hours列）の母平均が異なるかを考えてみることにしましょう。このような場合、「大学を卒業したかによって1週間の労働時間の母平均は変わらない（平均値の差は0）」という帰無仮説を設定し、母平均の差の検定で

注6.12 URL https://gss.norc.org/

あるt検定を使います[注6.13]。
inferパッケージを使わない場合は以下のように記述します。

```
# t検定を実行
ttest <- t.test(hours ~ college,
                data = gss)

# 結果の出力
ttest
```

出力
```

	Welch Two Sample t-test

data:  hours by college
t = -1.1193, df = 365.64, p-value = 0.2637
alternative hypothesis: true difference in means between group no degree and
group degree is not equal to 0
95 percent confidence interval:
 -4.241245  1.164381
sample estimates:
mean in group no degree    mean in group degree
               40.84663                42.38506
```

ここではp値が0.2637となったため、有意水準5%において帰無仮説は棄却されませんでした。つまり「大学を卒業したかによって1週間の労働時間の平均が異なるとは考えにくい」という結論を出すことができます。出力を見てわかる通り、**t.test()**関数はデータフレームで出力するわけではないので、他の分析結果と比較したいときに扱いづらいと言えます。
一方、inferパッケージでは、**t_test()**関数を用いて以下のように記述します。

```
ttest_tidy <- gss %>%
  t_test(hours ~ college,
         # 差を計算するので、どちらからどちらを引くのかを指定
         order = c("degree", "no degree"),
         # 両側検定であることを指定
         alternative = "two.sided")
ttest_tidy
```

出力
```
# A tibble: 1 × 7
  statistic  t_df p_value alternative estimate lower_ci upper_ci
      <dbl> <dbl>   <dbl> <chr>          <dbl>    <dbl>    <dbl>
1      1.12  366.   0.264 two.sided       1.54    -1.16     4.24
```

注6.13　統計的仮説検定の詳細は、"統計学入門"（東京大学出版会，1991）や倉田博史，星野崇宏　（著）"入門統計解析"（新世社，2009）などを参照してください。

検定の結果は`t.test()`関数を用いた場合と同じです。また、出力がデータフレームになっているためデータを操作しやすいと言えます。

inferパッケージによる可視化

上記の`t_test()`関数は最も簡単な例です。inferパッケージでは、以下のような関数を使って、統一的な手順で検定ができるようになっています。

1. specify()関数：目的変数を定義
2. hypothesize()関数：帰無仮説を宣言
3. generate()関数：帰無仮説をもとにデータを生成。ブートストラップ方を使用するときなどに使う
4. calculate()関数：統計量の分布を作成。t分布、カイ二乗分布、F分布など代表的な統計量の分布を扱える
5. visualize()関数：統計量の分布やp値の可視化

上記のt検定をinferパッケージを用いて、以下のようにも記述できます。

```
ttest_tidy2 <- gss %>%
  # 式を指定
  specify(hours ~ college) %>%
  # 差の検定(独立性の検定)であることを指定
  hypothesize(null = "independence") %>%
  # 分布等を指定
  calculate(stat = "t",
            order = c("degree", "no degree"),
            # 両側検定であることを指定
            alternative = "two.sided")
```

visualize()関数は、内部でggplot2パッケージを用いており、method引数に"theoritical"を指定すると帰無分布を描画できます（図6.8）。

```
# t分布における帰無分布を描画
ttest_tidy2 %>%
  visualize(method = "theoretical")
```

出力
```
Rather than setting `method = "theoretical"` with a simulation-based null
distribution, the preferred method for visualizing theory-based distributions
with infer is now to pass the output of `assume()` as the first argument to
`visualize()`.
```

出力
```
Warning: Check to make sure the conditions have been met for the
theoretical method. {infer} currently does not check these for you.
```

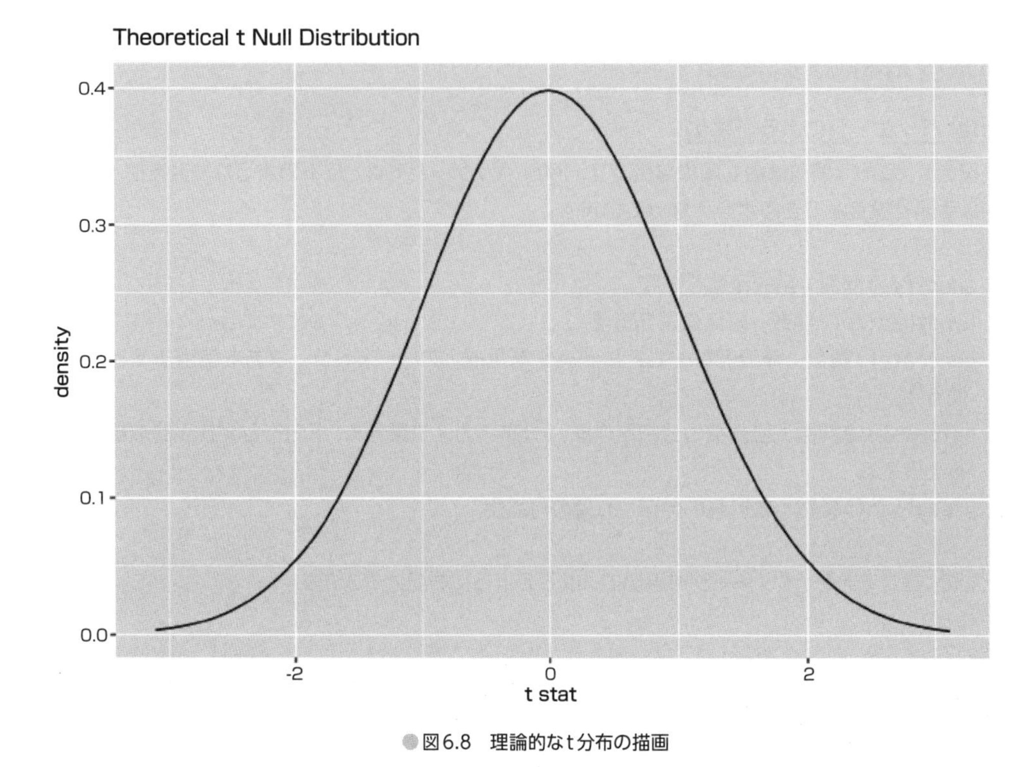

図6.8　理論的なt分布の描画

また、**generate()**関数を使うと、サンプリングによるデータ生成をしたうえで検定を行なうことができます。

```
ttest_tidy3 <- gss %>%
  # 式を指定
  specify(hours ~ college) %>%
  # 差の検定(独立性の検定)であることを指定
  hypothesize(null = "independence") %>%
  # サンプリング回数と方法を指定
  generate(reps = 200, type = "bootstrap") %>%
  # 分布等を指定
  calculate(stat = "t",
            order = c("degree", "no degree"),
            # 両側検定であることを指定
            alternative = "two.sided")
```

visualize()関数のmethod引数に"both"を指定することで、サンプリングした結果に基づき、各サンプリングの統計量のヒストグラムと理論的な分布の曲線を重ねて描画できます（図6.9）。

```
ttest_tidy3 %>%
  visualize(method = "both")
```

出力

```
Warning: Check to make sure the conditions have been met for the
theoretical method. {infer} currently does not check these for you.
```

出力

```
Warning: The dot-dot notation (`..density..`) was deprecated in ggplot2 3.4.0.
i Please use `after_stat(density)` instead.
i The deprecated feature was likely used in the infer package.
  Please report the issue at
  <]8;;https://github.com/tidymodels/infer/issueshttps://github.com/tidymodels/
infer/issues]8;;>.
```

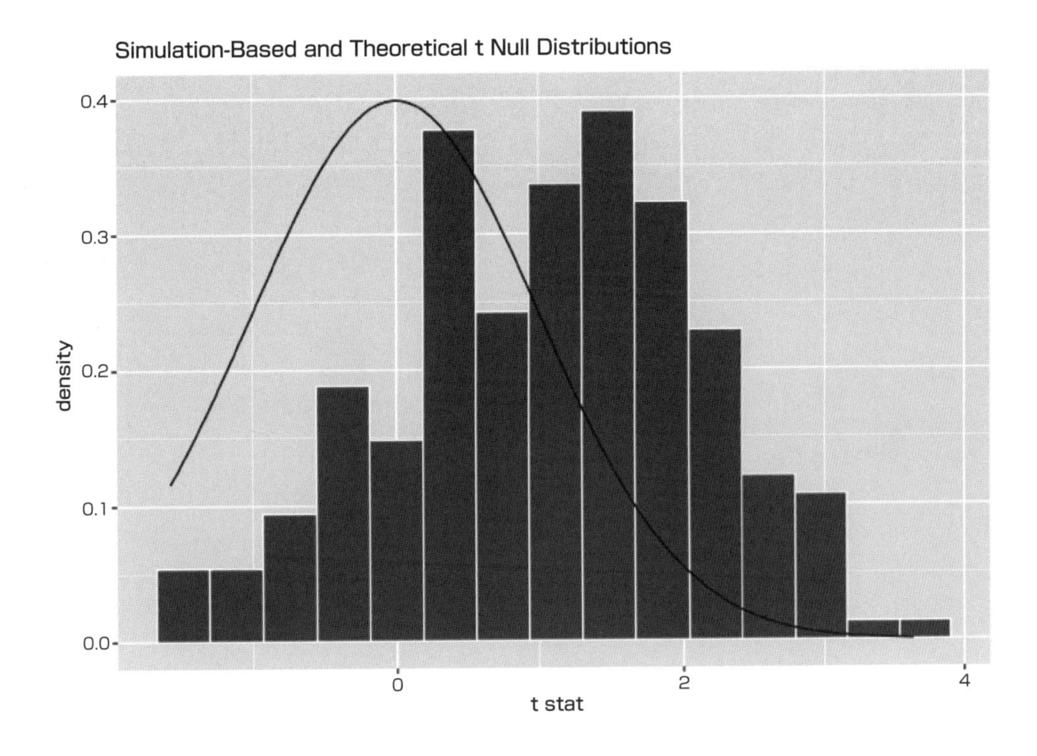

●図6.9 各サンプリングの統計量のヒストグラムと理論的な分布の曲線

図6.9を見ると検定結果は有意水準5%となり有意とは言えません。そのため理論的な分布の曲線とサンプリングごとに計算した統計量のヒストグラムがずれています。

このようにinferパッケージはtidyな枠組みの中で統計的仮説検定の分析から可視化までを実行できます。

索引

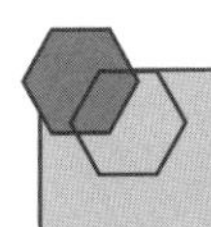

著者プロフィール

松村 優哉（まつむら ゆうや）

ノバセル株式会社　データサイエンティスト。

慶應義塾大学大学院で経済学修士を取得。HR系企業でデータサイエンティスト・データエンジニアとして分析組織の立ち上げ経験を経て、2022年2月より現職。データサイエンス技術を用いた応用分析を得意とし、「Tokyo.R」や「Music × Analytics Meetup」などのデータ分析に関わるコミュニティ運営にも勢力的に取り組む。著書に『改訂2版　Rユーザのための RStudio[実践]入門』（共著，技術評論社，2021）、開発Rパッケージに形態素解析器JUMAN++のラッパー「rjumanpp」などがある。本書のはじめに、5章、6章の執筆を担当。

Twitter: @y__mattu

瓜生 真也（うりゅう しんや）

徳島大学デザイン型AI教育研究センター助教。

横浜国立大学大学院にて森林生態学を専攻。企業、研究機関でのデータエンジニアとしての経験を経て、2021年10月より現職。地理空間データの分析を研究題材とし、データサイエンス・AI教育や大学業務のDX化に取り組む。著書に『データ分析のためのデータ可視化入門』（翻訳，講談社サイエンティフィク，2021）、『Rによるスクレイピング入門』（共著，C&R研究所，2017）など。日本語文章をtidymodelsで扱うwashokuをはじめ、多くのRパッケージを開発・保守する。本書の1章、4章の執筆を担当。

Twitter: @u_ribo

吉村 広志（よしむら ひろし）

AIコンサルティングやAIソリューションの提供会社でAIエンジニアとして勤務。

芝浦工業大学大学院を修了。大学時代は創薬化学の研究に取り組み、科学的根拠に基づく医薬品の効果検証に興味を持つ。卒業後は独学で数理統計学を学び、製造業の会社でAIを活用したプロジェクトを担当しデータ収集から機械学習モデルの構築と生産ラインへの実装まで経験する。AIに対する理解度向上のための人材育成企画やAI開発のナレッジ管理の仕組みを導入展開する業務も行う。その後、AIの研究開発を行う企業で幅広い分野のAI活用プロジェクトを経験。分析にはR言語を好み、R言語のコミュニティ等で情報発信活動を行っている。本書の2章、3章の執筆を担当。

Twitter: @Ringa_hyj

●技術評論社 Web サイト：https://book.gihyo.jp/

■ Staff
装丁・本文デザイン●トップスタジオデザイン室（轟木 亜紀子）
表紙イラスト●青木健太郎（セメントミルク）
DTP●株式会社トップスタジオ
担当●高屋卓也

■ Special Thanks!
本書の制作にあたり、以下の方々に多大なるご協力をいただきました。
この場を借りて御礼申し上げます。

atusy　松本涼　水野多加雄　@KheyronK
森下光之助　吉村義高　綿引友哉

R ユーザのための tidymodels[実践] 入門
モダンな統計・機械学習モデリングの世界

2023 年 1 月 12 日　初版　第 1 刷発行

著　者　松村優哉、瓜生真也、吉村広志
発行者　片岡　巌
発行所　株式会社技術評論社
東京都新宿区市谷左内町 21-13
電話　03-3513-6150　販売促進部
03-3513-6177　雑誌編集部
印刷／製本　港北メディアサービス株式会社

定価はカバーに表示してあります。

ISBN978-4-297-13236-1 C3055
Printed in Japan

■本書についての電話によるお問い合わせはご遠慮ください。質問等がございましたら、下記まで FAX または封書でお送りくださいますようお願いいたします。

〒 162-0846
東京都新宿区市谷左内町 21-13
株式会社技術評論社　雑誌編集部
FAX　03-3513-6173
「R ユーザのための tidymodels [実践] 入門」係

FAX 番号は変更されていることもありますので、ご確認の上ご利用ください。
なお、本書の範囲を超える事柄についてのお問い合わせには一切応じられませんので、あらかじめご了承ください。